RAL · NEU 研究报告　No.0007

真空制坯复合轧制技术与工艺

轧制技术及连轧自动化国家重点实验室
（东北大学）

北　京

冶 金 工 业 出 版 社

2014

内 容 简 介

本书介绍了利用电子束焊接技术进行真空制坯复合轧制技术开发的应用现状，真空制坯复合轧制特厚钢板、不锈钢复合板、钛钢复合板的技术与工艺。

本书对冶金企业、科研院所从事钢铁材料研究与开发、钢基复合板工艺开发和复合板生产设备研发的人员有重要的参考价值，也可供中、高等院校中的钢铁冶金、材料学、材料加工及复合材料等专业的从教人员和研究生阅读、参考。

图书在版编目（CIP）数据

真空制坯复合轧制技术与工艺／轧制技术及连轧自动化国家重点实验室（东北大学）著 . —北京：冶金工业出版社，2014.11

（RAL·NEU 研究报告）

ISBN 978-7-5024-6755-5

Ⅰ.①真… Ⅱ.①轧… Ⅲ.①钢板轧制—研究

Ⅳ.①TG335.5

中国版本图书馆 CIP 数据核字（2014）第 244527 号

出 版 人　谭学余
地　　址　北京市东城区嵩祝院北巷 39 号　邮编　100009　电话　（010）64027926
网　　址　www.cnmip.com.cn　电子信箱　yjcbs@cnmip.com.cn
责任编辑　卢　敏　李培禄　美术编辑　杨　帆　版式设计　孙跃红
责任校对　卿文春　责任印制　牛晓波
ISBN 978-7-5024-6755-5
冶金工业出版社出版发行；各地新华书店经销；北京百善印刷厂印刷
2014 年 11 月第 1 版，2014 年 11 月第 1 次印刷
169mm×239mm；10.5 印张；165 千字；154 页
41.00 元
冶金工业出版社　投稿电话　（010）64027932　投稿信箱　tougao@cnmip.com.cn
冶金工业出版社营销中心　电话　（010）64044283　传真　（010）64027893
冶金书店　地址　北京市东四西大街46号（100010）　电话　（010）65289081（兼传真）
冶金工业出版社天猫旗舰店　yjgy.tmall.com
（本书如有印装质量问题，本社营销中心负责退换）

研究项目概述

1. 研究项目背景与立题依据

特厚钢板（厚度大于 80mm）广泛应用于海洋工程、电力、建筑、军工以及模具等诸多领域，目前主要应用于一些重点行业和重大技术装备，因此对特厚钢板的性能要求很高，生产技术难度很大，国内仅有舞钢、宝钢、济钢等少数企业可以生产部分产品。目前国内特厚钢板的年需求量超过 100 万吨，市场缺口达 60% 以上，大量特厚钢板需要依赖进口。国内钢铁企业生产特厚钢板主要采用连铸法、模铸法以及电渣重熔法。连铸法具有浇铸速度快和可连续生产的优点，但因坯料厚度和压缩比的限制，导致成品板的厚度有限。由于在大厚度连铸坯心部容易产生偏析，因此目前国内连铸坯的厚度一般不超过 320mm，生产 100mm 以上厚度钢板的难度很大。利用模铸法生产的大尺寸铸锭可轧制出特厚钢板，但其内部偏析很难避免，并且铸锭法的工序长、能耗大，会对环境造成一定污染，此外其成材率较低，一般不超过 70%。电渣重熔法可获得高洁净度的内部组织，并可有效消除铸锭心部偏析，但电渣重熔法生产效率较低，需对钢坯二次熔化，消耗大量能源，生产成本较高，目前多用于制备特钢的特厚板。

近年来伴随着我国经济的高速发展，不锈钢/钢和钛/钢等具有耐蚀性的异种金属复合板被广泛用于石油化工、食品工业、海洋工程以及能源电力等领域。其中，不锈钢/钢复合板材以普碳钢或低合金钢为基层、不锈钢为覆层进行复合而成，复合板同时兼具不锈钢的耐蚀性和钢的低成本特性。不锈钢复合板可节约镍铬合金 70%~80%，降低生产成本 30%~50%，具有广阔的市场前景和巨大的社会效益，是目前应用最为广泛的耐蚀性金属复合板。

长期浸泡在海水中的不锈钢将有大量的铬离子析出，很容易对海洋环境造成污染，而钛金属离子则不会溶出，因此与不锈钢相比，钛具有更为优异的耐腐蚀性能，是一种理想的绿色海洋工程材料，被誉为"海洋金属"。然而钛的高成本和钛/钢焊接接头中大量脆硬的 Ti-Fe 金属间化合物限制了钛在钢结构腐蚀防护领域的应用。钛/钢复合板兼具钛的强耐蚀性和钢的低成本性、高强性，同时钛/钢复合板的钢侧可与钢结构进行可靠的焊接，能够实现对钢结构的有效腐蚀防护。

目前，国内异种金属复合板主要采用爆炸复合法、扩散复合法以及轧制复合法制备。爆炸复合法是国内应用最广的复合技术，但其界面结合率低、界面结合强度不均匀以及易产生缩孔、裂纹和气孔等缺陷，此外还存在严重的环境污染，使得爆炸复合法面临被逐渐淘汰的趋势。扩散复合法由于具有长扩散时间、有限的产品尺寸以及较低的界面结合强度等缺点，不适用于大尺寸复合板的工业化生产。目前热轧复合法是复合板制造的发展趋势，复合板具有良好的板形、较高的生产效率、低污染、低能耗等特点，尤其是可以生产宽幅复合板。然而，热轧过程中的界面氧化很难避免，很容易削弱复合板的界面结合强度。因此，目前国内采用轧制复合法生产的异种金属复合板界面强度一般不高，亟需一种有效的技术改善其热轧复合的界面结合。

20 世纪末，日本川崎重工发明了真空制坯复合轧制技术，该技术在高真空条件下对复合界面四周进行电子束焊接封装，然后经热轧得到复合板。该技术可以用于生产同种的特厚复合钢板和异种的金属复合板。电子束焊接封装能确保复合界面维持高真空，防止热轧过程中复合界面的氧化，以实现复合界面两侧金属的优异冶金结合。真空制坯复合轧制技术的生产过程具有低成本、高成材率和高生产效率的优点，特别是在特厚钢板生产中采用了来源广泛的普通连铸坯为原料，生产流程十分便捷。目前，日本 JFE 公司采用真空制坯复合轧制技术已量产了特厚复合钢板、不锈钢/钢以及钛/钢复合板，生产出了厚度分别达到 240mm 和 360mm 的高性能特厚钢板，不锈钢复合板最大板幅和厚度达到 4200mm 和 120mm，钛复合板最大板幅和厚度达到 3900mm 和 72mm。因此真空制坯复合轧制技术是一种绿色高效的复合板制备技术，在复合板工业生产应用中将产生显著的经济和社会效益。

目前关于真空制坯复合轧制技术的相关报道很少，东北大学 RAL 实验室对该技术进行了大量的研究工作，成功应用真空制坯复合轧制技术开发出了具有优异性能的特厚钢板、不锈钢/钢和钛/钢异种金属复合板，以及相应的工业技术装备。

2. 研究进展与成果

（1）为了生产出特厚复合钢板，南京钢铁股份有限公司与东北大学 RAL 共同开发出了具有快速装夹定位功能的超高速坯料表面机械清理系统、具有预热功能的大型高效真空电子束焊机、可实现全自动化功能的焊前快速组坯系统等特厚复合钢板生产装备。此外还相应地开发出了连铸坯料表面清理技术、真空电子束焊接组合制坯技术、大单重复合连铸坯的加热技术，以及"高温低速小压下+高温低速大压下"相结合的大单重复合坯料轧制技术。通过现场生产实践的检验表明，可开发出 Q235、Q345、Q460、45 号、E690 等不同碳当量和合金含量的高性能特厚复合板，特厚板的 Z 向性能测试显示断裂均发生在基材，呈现明显的韧性断裂特征，为真空制坯复合轧制技术在特厚钢板制备领域的应用找到了新的途径。目前该项技术已申请 3 项国家发明专利，已获授权 2 项，并成功应用于南京钢铁股份有限公司的特厚板制坯生产线，现场应用效果良好。

（2）为了生产出高质量的不锈钢/钢复合板，东北大学 RAL 在"863"项目的资助下开展了真空制坯复合轧制不锈钢/钢复合板的开发。并相应地开发出了不锈钢板酸洗和钢板机械加工的表面清理技术，不锈钢板和钢板的组坯技术，组合坯在真空室内的随动装夹技术，真空电子束焊接制坯技术，界面氧化物控制技术，C、Cr、Ni 元素的界面扩散控制技术，不锈钢复合板的热轧技术，复合界面变形和再结晶的控制技术，复合板的轧后热处理技术。现场生产实践的检验表明，可以获得奥氏体不锈钢/低合金钢、铁素体不锈钢/低合金钢、双相不锈钢/低合金钢的高性能不锈钢复合板，界面剪切强度超过450MPa，远超过国标规定的 140MPa，为真空制坯复合轧制技术在不锈钢复合板制备领域的应用找到了新的途径。目前该项技术已获授权国家发明专利 2 项。

（3）为生产出高品质的纯钛/钢复合板，东北大学 RAL 与西北有色金属研究院天力金属复合材料有限公司开展了真空制坯复合轧制纯钛/钢复合板的开发。并相应地开发出了纯钛的酸洗和钢板机械加工的表面清理技术、钛与钢之间的界面隔离层控制技术、钛板和钢板的组坯技术、真空电子束焊接制坯技术、界面 Ti-Fe 金属间化合物控制技术、界面的 TiC 层生成控制技术、钛复合板的热轧技术、复合界面变形和再结晶的控制技术、复合板的轧后退火技术、复合板的冷轧技术。通过现场生产实践的检验表明，可以获得纯钛/Q235、纯钛/Q345、纯钛/X60管线钢的高性能钛/钢复合板，界面剪切强度超过300MPa，远超过国标规定的196MPa。目前该项技术已获授权国家发明专利2项。

结合开发特厚钢板、不锈钢复合板、钛/钢复合板的研究过程，已培养博士毕业研究生1名、硕士毕业研究生9名；研究成果已先后在日本、泰国等国举行的大型国际会议和著名学术期刊上发表学术论文10篇，其中被SCI检录4篇，被EI检录7篇，申请国家发明专利7项，获得授权6项。获得冶金科技进步二等奖1项。研究所形成的特厚板以及异种金属复合板的制造技术及其配套的装备已受到国内钢铁企业的广泛关注，在特厚板、不锈钢复合板、钛/钢复合板等领域展现出很好的推广应用前景。

3. 论文与专利

论文：

（1）Guangming Xie, Zongan Luo, Guanglei Wang, et al. Interface characteristic and properties of stainless steel/HSLA steel clad plate by vacuum rolling cladding [J]. Materials Transactions, 2011, 52 (8)：1709~1712.

（2）王光磊，骆宗安，谢广明，等. 加热温度对热轧复合钛/不锈钢板结合性能的影响 [J]. 稀有金属材料与工程，2013 (02)：387~391.

（3）王光磊，骆宗安，谢广明，等. 首道次轧制对复合钢板组织和性能的影响 [J]. 东北大学学报（自然科学版），2012 (10)：1431~1435.

（4）Guanglei Wang, Zongan Luo, Guangming Xie, et al. Experiment research on impact of total rolling reduction ratio on the properties of vacuum rolling-bonding ultra-thick steel plate [J]. Advanced Materials Research, 2011 (299~300)：962~965.

（5）谢广明，骆宗安，王光磊，等. 真空轧制不锈钢复合板的组织和性能 [J]. 东北大学学报（自然科学版），2011 (10)：1398~1401.

（6）Zongan Luo, Guanglei Wang, Guangming Xie, et al. Effect of Nb interlayer on property of Ti/SS clad plate bonded by vacuum hot-roll bonding [C]. International conference on materials processing technology 2013. Bangkok, Thailand, 2013.

（7）骆宗安，王光磊，谢广明，等. 铌夹层对真空轧制复合钛/不锈钢板的组织及性能的影响［J］. 中国有色金属学报，2013（23）：3335~3339.

（8）Zongan Luo, Guanglei Wang, Guangming Xie, et al. Interfacial microstructure and properties of a vacuum hot roll-bonded titanium stainless steel clad plate with a niobium interlayer［J］. Acta Metallurgica Sinica（English Letters），2013（26）：754~760.

（9）骆宗安，谢广明，胡兆辉，等. 特厚板复合轧制工艺的实验研究［J］. 塑性工程学报，2009（16）：125~128.

（10）Guangming Xie, Zongan Luo, Guanglei Wang, et al. Microstructure and mechanical properties of heavy gauge plate by vacuum cladding rolling［J］. Advanced Materials Research，2010（97）：32~35.

（11）谢广明，骆宗安，王国栋. 轧制工艺对真空轧制复合钢板组织与性能的影响［J］. 钢铁研究学报，2011（12）：27~30.

（12）骆宗安，谢广明，王光磊，等. 界面微观组织对真空轧制复合纯钛/低合金高强钢界面力学性能的影响［J］. 材料研究学报，2013（27）：1~7.

（13）Zongan Luo, Guangming Xie, Guodong Wang, et al. Interface of heavy Gauge plate by vacuum cladding rolling［J］. Steel Research International，2009（81）：51~53.

专利：

（1）骆宗安，谢广明，王国栋等. 一种真空复合轧制特厚板的方法，2011-07-13，中国，CN200910248877. 1.

（2）骆宗安，谢广明，王光磊等. 一种制备特厚复合钢板的真空焊接机构，2014-01-29，中国，CN201110442047. X.

（3）骆宗安，谢广明，王光磊等. 一种不锈钢-碳钢复合板的制备方法，2012-11-14，中国，CN201110029651. X.

（4）谢广明，王光磊，骆宗安等. 防止真空复合轧制不锈钢复合板的界面氧化的方法，2013-01-02，中国，CN201110029656. 2.

（5）谢广明，骆宗安，王光磊等. 一种钛-钢复合板薄带的制备方法，

2012-09-05，中国，CN201010539333.3.

（6）骆宗安，谢广明，王光磊等. 一种钛-钢复合板的制备方法，2010-11-11，中国，CN201010539065.5.

4. 项目完成人员

主要完成人员	职　称	单　位
王国栋	教授（院士）	东北大学 RAL 国家重点实验室
骆宗安	教授	东北大学 RAL 国家重点实验室
谢广明	副教授	东北大学 RAL 国家重点实验室
丁　桦	教授	东北大学 RAL 国家重点实验室
于九明	教授	东北大学 RAL 国家重点实验室
王光磊	博士生	东北大学 RAL 国家重点实验室
冯莹莹	助理研究员	东北大学 RAL 国家重点实验室
苏海龙	高级工程师	东北大学 RAL 国家重点实验室
胡兆辉	硕士生	东北大学 RAL 国家重点实验室
王洪光	硕士生	东北大学 RAL 国家重点实验室
厉　梁	硕士生	东北大学 RAL 国家重点实验室
刘纪源	博士生	东北大学 RAL 国家重点实验室
曹保新	硕士生	东北大学 RAL 国家重点实验室
王立朋	硕士生	东北大学 RAL 国家重点实验室
杨　阳	硕士生	东北大学 RAL 国家重点实验室
蒋　君	硕士生	东北大学 RAL 国家重点实验室

5. 报告执笔人

骆宗安、谢广明、王光磊。

6. 致谢

本研究是在东北大学轧制技术及连轧自动化国家重点实验室王国栋院士的悉心指导下，在课题组成员的精诚合作下完成的。本研究多个课题被列为东北大学轧制技术及连轧自动化国家重点实验室部署项目，项目完成过程中，实验室完善的装备条件和先进的检测手段，为本研究创造了良好的研究环境，衷心感谢实验室各位领导、相关老师和工程技术人员所给予的热情帮助和大力支持。同时本研究也得到了"863"项目、教育部高校基本科研业务费项目、济南钢铁股份有限公司、南京钢铁股份有限公司、天力金属复合材料有限公司的大力支持，在此表示衷心的感谢。

目　　录

摘　　要

目前，国内异种金属复合板主要采用爆炸复合法、扩散复合法以及轧制复合法制备。爆炸复合法是国内应用最广的复合技术，但其界面结合率低、界面结合强度不均匀，以及易产生缩孔、裂纹和气孔等缺陷，此外还存在严重的环境污染问题。扩散复合法由于具有长扩散时间、有限的产品尺寸以及较低的界面结合强度等缺点，不适用于大尺寸复合板的工业化生产。目前热轧复合法是复合板制造的发展趋势，复合板具有良好的板形、较高的生产效率、低污染、低能耗等特点，尤其是可以生产宽幅复合板。然而，热轧过程中的界面氧化很难避免，很容易削弱复合板的界面结合强度。20世纪末，日本川崎重工发明了真空制坯复合轧制技术，该技术在高真空条件下对复合界面四周进行电子束焊接封装，然后经热轧得到复合板。该技术可以用于生产同种的特厚复合钢板和异种的金属复合板。电子束焊接封装能确保复合界面维持高真空，防止热轧过程中复合界面的氧化，以实现复合界面两侧金属的优异冶金结合。真空制坯复合轧制技术的生产过程具有低成本、高成材率和高生产效率的优点，特别是在特厚钢板生产中采用了来源广泛的普通连铸坯为原料，生产流程十分便捷。目前，日本 JFE 公司采用真空制坯复合轧制技术已量产了特厚复合钢板、不锈钢/钢以及钛/钢复合板，生产出了厚度分别达到 240mm 和 360mm 的高性能特厚钢板，不锈钢复合板最大板幅和厚度达到 4200mm 和 120mm，钛复合板最大板幅和厚度达到 3900mm 和 72mm。因此真空制坯复合轧制技术是一种绿色高效的复合板制备技术，在复合板工业生产应用中将产生显著的经济效益和社会效益。

目前关于真空制坯复合轧制技术的相关报道很少，东北大学 RAL 国家重点实验室对该技术进行了大量的研究工作，成功应用真空制坯复合轧制技术开发出了具有优异性能的特厚钢板、不锈钢/钢和钛/钢异种金属复合板，形成了比较完整的真空制坯复合轧制技术工艺及装备。主要研究工作和成果如下：

（1）开展了真空制坯复合轧制特厚钢板的技术与工艺研究，主要包括：

钢坯表面清理方式对复合效果的影响研究，焊接方法对复合板界面的影响研究，电子束焊接工艺研究，轧制工艺对特厚复合钢板性能的影响规律。通过现场生产实践的检验表明，可开发出 Q235、Q345、Q460、45 号、E690 等不同碳当量和合金含量的高性能特厚复合板，特厚板的 Z 向性能测试显示断裂均发生在基材，呈现明显的韧性断裂特征，为真空制坯复合轧制技术在特厚钢板制备领域的应用找到了新的途径。

（2）开展了真空制坯复合轧制不锈钢/钢复合板的开发研究，主要包括：不锈钢板的酸洗和钢板的机械加工及表面清理技术，不锈钢板和钢板的组坯技术，组合坯在真空室内的随动装夹技术，真空电子束焊接制坯技术，界面氧化物控制技术，C、Cr、Ni 元素的界面扩散控制技术，不锈钢复合板的热轧技术，复合界面变形和再结晶的控制技术，复合板的轧后热处理技术。通过现场生产实践的检验表明，可以获得奥氏体不锈钢/低合金钢、铁素体不锈钢/低合金钢、双相不锈钢/低合金钢的高性能不锈钢复合板，界面剪切强度超过 450MPa，远超过国标规定的 140MPa，为真空制坯复合轧制技术在不锈钢复合板制备领域的应用找到了新的途径。

（3）开展了真空制坯复合轧制纯钛/钢复合板的开发研究，主要包括：纯钛的酸洗和钢板的机械加工及表面清理技术，钛与钢之间的界面隔离层控制技术，钛板和钢板的组坯技术，真空电子束焊接制坯技术，界面 Ti-Fe 金属间化合物控制技术，界面的 TiC 层生成控制技术，钛复合板的热轧技术，复合界面变形和再结晶的控制技术，复合板的轧后退火技术，复合板的冷轧技术。通过现场生产实践的检验表明，可以获得纯钛/Q235、纯钛/Q345、纯钛/X60 管线钢的高性能钛/钢复合板，界面剪切强度超过 300MPa，远超过国标规定的 196MPa。

本研究所形成的特厚板以及异种金属复合板的制造技术及其配套的装备已受到国内钢铁企业的广泛关注，在特厚板、不锈钢复合板、钛/钢复合板等领域展现出很好的推广应用前景。

关键词：金属复合板；电子束焊接；真空制坯；特厚钢板；不锈钢复合板；钛/钢复合板；Z 向性能；界面氧化物；界面金属间化合物

1 真空制坯复合轧制技术开发的背景与理论基础

1.1 引言

随着科技的高速发展以及新产业、新技术的不断出现，人们对材料性能的要求日益苛刻，在很多情况下单一的材料已经无法满足特殊性能的需要，于是研究各种新型复合材料已经成为材料科学领域中的一个重要的发展方向[1~3]。层状金属复合板是由两层或两层以上性能各异的金属板经过特殊工艺加工后在界面上实现牢固冶金结合的复合材料。与单一的金属相比，层状金属复合板结合了多种金属组元各自的优点，可以得到单层金属材料所不具有的物理、化学和力学性能，从而具备高强度、耐磨、耐蚀及优异的导电、导热等综合性能[4~7]。目前金属复合板越来越多地应用于航空航天、机械、船舶、海洋平台、核电站、电力等领域。另外，采用金属复合板还可以节约稀有、贵金属等材料，从而大幅度地降低成本。以最普遍的不锈钢/碳钢复合板为例，与同规格的纯不锈钢相比，不锈钢复合板可以节约昂贵的 Cr、Ni 合金 70%~80%，可降低成本 40%~50%[8,9]，具有巨大的经济价值。随着环境污染的日益加重，自然能源的不断枯竭，发展低能耗、低成本、高品质的材料与技术已成为当今世界材料科技发展的主要趋势，层状金属复合板则以其优异的性能、低廉的价格而越来越多地引起世界各国科研人员的共同关注。

1.2 金属复合板的生产方法

金属复合板的生产方法多种多样，目前应用较广泛的有爆炸复合法、扩散焊接复合法、钎焊法及轧制复合法等。

1.2.1 爆炸复合法

爆炸复合法是 1944 年美国人 Carl 发明的，其工艺如图 1-1 所示。爆炸复合法利用炸药作为能源，在炸药的高速引爆和冲击作用下（7~8km/s），在十分短暂的过程中使被焊金属表面形成一层薄的塑性变形区，同时熔化和扩散，从而实现两金属的复合，是集压力焊、熔化焊和扩散焊"三位一体"的复合方法[10]。

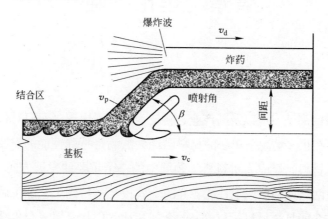

图 1-1 爆炸复合工艺示意图[21]

爆炸复合法有其显著的优点：

（1）工艺简单，不需要复杂的设备，成本较低。

（2）应用广泛，特别适用于物理性质差别较大的合金和金属，至今为止已经成功实现了同基金属如钢/钢、Al/Al、不锈钢/钢等[11~13]，异种金属如钢/Al、钢/Ti、Ni/Al、Al/Cu、Cu/Ti 等[14~20]近 300 多种金属的复合，同时适用于生产双层、多层和夹层金属复合板。

但爆炸复合法也具有非常严重的缺点：

（1）复合界面呈波浪形，机械强度较低，复合表面的质量较差，复合率较低。

（2）复合板的厚度和质量受到限制，不能生产较薄或宽幅的板坯，不能进行连续生产。

（3）如图 1-2 所示，爆炸复合时会产生巨大的噪声、振动及烟雾等，对环境造成很大的污染。

爆炸+轧制复合是在爆炸复合法的基础上发展起来的，是将待复合的材料通过爆炸复合后，再进行轧制从而获得宽幅复合板的一种方法[22,23]。爆炸+轧制技术有效地克服了爆炸复合法不能生产较薄和表面质量要求较高的复合

图 1-2 爆炸复合现场图片

板的缺陷，以及产品尺寸受限制的不足。但它并未解决爆炸复合的环境污染问题，另外爆炸复合+轧制法需将复合板进行再次加热，不仅增加了能耗、降低了生产效率，而且在加热过程和轧制过程中，由于界面金属间化合物层的增长，界面的结合强度会出现明显下降[24,25]。

　　由于当今工业对连续生产、产品尺寸及环境要求的日益提高，爆炸复合法正逐渐被其他复合方法所取代，但在国内，爆炸复合法依然是层状金属复合板的主要生产方法[26~28]。

1.2.2 扩散焊接复合法

　　扩散焊接法的原理是在低于母材熔点的温度下，利用外界压力使金属板紧密叠合后靠原子相互扩散渗透而产生冶金结合。其工艺是：首先对金属板的待复合表面进行适当的清洁处理，然后叠合组坯，在低于母材熔点的温度下，在尽量使母材不出现变形的程度下加压完成复合[29~31]。它又分为无助剂自扩散焊接、无助剂异扩散焊接、有助剂扩散焊接、相变超塑性扩散焊接等[32,33]。

扩散焊接的优点是：

（1）可对性能和尺寸相差悬殊的材料进行焊接。

（2）无污染、自动化生产能力强。

但扩散焊接也有其显著的缺点：

（1）扩散焊接复合的尺寸较小，多用于制作焊接接头，几乎无法生产大型复合板。

（2）扩散焊接时间较长，效率较低。

（3）扩散焊接的复合强度不高[34]。

1.2.3 钎焊热轧法

钎焊热轧复合法的原理是采用一种熔点比被焊接的基层和复层材料熔点低的金属或合金作钎料，将钎料置于基层和复层之间，通过加热使钎料熔化，同时液相钎料与固相金属板之间相互扩散使两金属板间达到原子间结合。其工艺过程是：先对待复合材料表面进行打毛、去氧化等清洁处理，再将处理后的待复合板和钎料叠合组坯，放入电阻炉中加热至钎焊熔化温度范围内进行焊接，后续的热轧可适当降低首道次压下量，其作用是进一步加强复合界面的结合强度。

钎焊热轧复合法的优点是：

（1）有效地解决复合层界面的分体现象，提高界面耐蚀性能及构件强度。

（2）投资少、成本低、生产周期短，产品规格多样齐全，可进行大规模批量生产。

（3）钎焊时母材不熔化，焊接温度低，基板变形小，尺寸精度高。

钎焊热轧复合法的缺点是：

（1）厚度超过30mm、复层超过3mm的复合板，钎焊热轧复合法难以保证界面剪切强度[34]。

（2）板材在钎焊后仍需热轧，工艺较复杂，热轧过程参数较难控制，轧制过程中易造成结合失效。

1.2.4 轧制复合法

轧制复合法是生产金属复合板的一种较普遍的方法，它又可以分为冷轧复合法、直接热轧复合法及真空热轧复合法等。

1.2.4.1 冷轧复合法

冷轧复合法是在不加热的情况下对金属板进行轧制，然后再进行热烧结使金属界面达到冶金结合的金属复合板制备方法[35,36]。20 世纪 50 年代由美国首先开始研究，提出了以"表面处理+冷轧复合+扩散退火"的三步法生产工艺。冷轧复合时的首道次变形量较大，一般要达到 60%~70%，甚至更高。冷轧复合凭借大的压下量，冷轧重叠的两层或多层金属，使它们产生原子结合或榫扣嵌合，并随后通过扩散退火，使之强化[37~39]。

冷轧复合的优点在于省去了其他各法的精整工序，从冷轧带坯开始生产，能够成卷轧制，并且组元层间的厚度比较均匀，尺寸精确，性能稳定，可以实现多种组元的结合，可以实现连续性生产，生产率高。但冷轧复合首道次压下率非常大，对轧机的要求非常高，且无法生产厚度较大的产品，再加上不同的复合板带材对表面精度要求的不同，使其应用受到一定程度的限制。

1.2.4.2　直接热轧复合法

热轧复合法是将复材和基材重叠后周围焊接，通过热轧使复材与基材结合在一起的方法[40,41]。在剪切变形力的作用下，两种金属间的接触表面十分类似于黏滞流体，更趋向于流体特性。一旦新生金属表面出现，它们便产生黏着摩擦行为，有利于接触表面间金属的固着，以固着点为基础（或核心），在高温热激活条件下形成稳定的热扩散，从而实现金属间的焊接结合[3]。

直接热轧复合法是在常压或低真空下进行组坯的热轧复合法，其基本特点是单块组装热轧复合，能够实现连续生产，对轧机要求不高，可以复合大型复合板材，但是直接热轧复合法往往是在常压下进行组坯的，在热轧过程中表面会形成一定厚度的氧化膜，另外，许多异种金属的复合表面在高温下会生成金属间化合物层，从而阻碍复合界面的结合，结合强度往往不高。

1.2.4.3　真空热轧复合法

由于热轧复合可以实现连续生产，且可以轧制宽幅大厚度复合板，具备显著的优势，但直接热轧复合法受限于高温下界面氧化的问题，复合板的强度不能得到保证，鉴于此种情况，1953 年苏联首先开始了金属板真空热轧焊机的试验研究，随后美国、中国、日本也开始研究。图 1-3 为真空热轧机构造示意图，真空轧机加热和轧制过程均在真空环境下进行，其最大优势是在真空中进行加热及轧制，避免了界面的氧化，可以获得洁净度、强度较高的复合界面[42,43]。但真空热轧机的设计非常复杂，目前研究仅停留在实验阶段，尚无法实现宽幅大厚度复合板的工业大规模生产[44,45]。

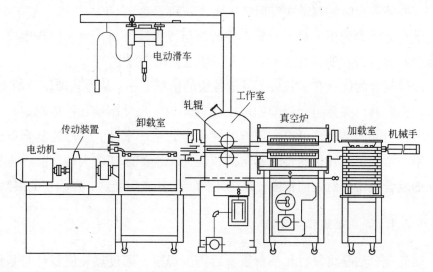

图 1-3　SGPPMP-2-175 型金属板真空热轧焊机示意图[44]

由于真空热轧焊机尚无法实现工业生产，研究人员开始寻求其他的方法来保证界面的真空。图 1-4 所示的先焊接后抽真空的方法为较简单、较常用的方法。如图所示，首先将待复合板材的界面进行清理，然后将界面四周进行密封焊接，并留下一个抽气小孔，在抽气小孔处再焊接一段钢管，钢管上连接真空机组进行抽真空，抽真空结束后将钢管夹紧密闭，然后再进行加热轧制。这种方法采用普通的手工电弧焊或气体保护焊进行焊接密封，不需增加大型的焊接设备，生产成本较低；另外，抽真空后界面处达到一定的真空度，避免了热轧复合过程中界面的严重氧化，可以有效地提高界面的结合强度。但是，此种方法也存在其明显的弱点：

（1）采用此种方法抽真空后界面的真空度并不会很高，一般在 1Pa 左右，因此界面处依然会残余较多的氧。

（2）由于界面的密封焊接是在大气下进行的，焊接过程产生的高温很容易使焊缝周围的界面金属产生氧化，胡兆辉的研究就发现采用此种方法生产极厚复合钢板时，界面在焊接过程中发生氧化从而造成界面复合强度较低，余伟等人的研究则发现轧后焊缝周围出现了未结合区域，降低了界面的复合率。

（3）抽真空后将钢管夹紧压扁密闭的过程中很容易发生泄漏而导致界面的真空遭到破坏，最终造成结合界面的氧化失效。

因此，采用此种方法进行生产时，虽然复合板的结合强度可以得到一定的提升，但生产过程较难控制，界面复合率和成材率较低。

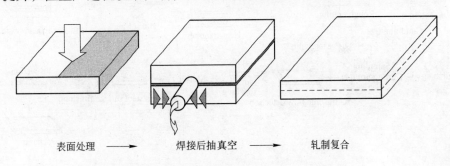

表面处理　$\longrightarrow$　焊接后抽真空　$\longrightarrow$　轧制复合

图 1-4　焊接后抽真空的真空热轧复合法

在 20 世纪 80 年代初，JFE 也开始了真空热轧复合板的研究，JFE 采用真空下焊接密封的方法来保证界面的真空度。其利用真空电子束焊机在高真空环境下对复合坯四周进行焊接密封，保持复合坯内部的真空气氛，然后利用普通的加热炉加热、普通的轧机进行轧制。图 1-5 为 JFE 利用此种真空热轧复合法制备不锈钢/碳钢复合板的工艺流程。在此类真空热轧复合法中，JFE 公司解决了三大关键问题，包括复合表面的处理、真空下的组坯和复合坯的轧制技术。其中，复合材料表面的处理采用了机加工和酸洗相结合的方法，效率高，速度快；在复合组坯方面，JFE 在国际上首先采用了高真空、高焊接速率的大型真空电子束焊机进行真空组坯，达到了比普通真空泵抽真空水平高 100 倍的界面真空度，从而避免了加热过程中界面的严重氧化；在轧制复合技术方面，采用了低速大压下的轧制技术，大幅度地提高了复合板的结合率[46,47]。这种方法生产的真空热轧复合坯界面真空度较高，界面洁净，界面复合率及成材率较高，且整个生产过程自动化程度较高，工艺容易控制。通过采取此种真空热轧复合技术，JFE 已经实现了稳定高效的复合板生产[46]。

真空热轧复合产品具备优良的性能，受到了世界各国研究人员越来越多的关注。目前真空电子束焊接技术日益成熟，国内也已经完全具备了大型真空电子束焊机的生产能力。东北大学在国内率先开始了真空电子束焊接组坯的热轧复合技术的研究，并成功研制了真空热轧复合特厚钢板[48,49]、不锈钢复合板[50]、钛钢复合板[51]等一系列产品，产品性能优良，已达到了国际领先水平。

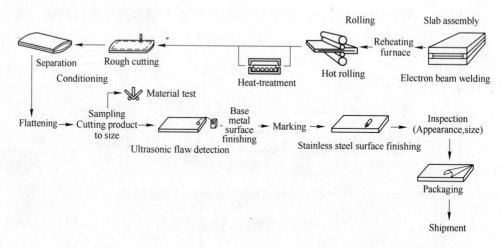

图 1-5   JFE 公司利用真空热轧复合法制备不锈钢/碳钢复合板的生产工艺流程

1.3   国内外热轧复合钢板的生产及研究现状

作为人类应用和研究历史最悠久的材料之一，钢材以其低廉的价格、可靠的性能成为了世界上使用最多的金属材料。但随着制造业的不断进步，单一的钢材往往满足不了使用环境对于材料重量、厚度及耐蚀性等综合性能的特殊要求，因此复合钢板的生产和应用变得越来越多。

1.3.1   特厚复合钢板

特厚钢板产品在国内有着广泛的市场需求，广泛应用于电力、化工、建筑、机械、造船、军工等国民经济建设的各个方面，特别是在海工、热电、水电、核电、风电、模具等重大技术装备领域有着巨大的需求。

在电力行业，火力发电所需的锅炉用特厚钢板主要用于制造 30 万千瓦、60 万千瓦、100 万千瓦汽轮发电机的汽包（包括本体和封头）、结构件、环座及磁轭等，以及超临界发电机组的储水罐（汽水分离器）、循环流化床锅炉（CFB）等；水电站用特厚钢板主要用于水利发电机组环座、电机支撑结构、船闸闸门等；核电用特厚钢板主要用于核岛三层保护罩和一些结构用件、稳压器等；风电用特厚钢板主要用于风力发电机座、法兰盘、塔筒等。在化工行业，特厚钢板主要用于制造压力容器，如各种大型球罐以及重化工用加氢反应器、氨分解塔、煤制油反应器等。在建筑行业，主要用于重型钢结构及高层建筑，如大型桥梁、车站、机场、码头、体育场馆等公共建筑以及高层和超高层建筑物。在机械行业，广泛应用于重型锻压设备、大型机床、大型冶金设备、矿用机械等重型机械设备制造，以及模具制造领域。在造船及海工行业，特厚钢板主要用于海上采油平台导管架、悬臂、自升式平台齿条机构以及远洋大型集装箱船和 30 万吨以上大型货轮内燃机机座等。在军工行业，主要用于航空母舰甲板、潜艇艇身、坦克装甲等。

特厚钢板的应用范围很广，目前国内年需求量在 100 万吨左右，同时附加值和经济效益也很高。但由于特厚钢板主要应用于一些重点行业和重大技术装备领域，因此对产品性能的要求也很高，生产技术难度非常大，导致实际市场缺口很大，国内除舞阳、宝钢等少数几家企业可生产部分产品外，大量特厚钢板还必须依赖从德国、日本、美国等发达国家进口。针对这种情况，国家在钢铁行业"十一五"规划中，明确提出要重点开发 400MPa、500MPa、800MPa 级抗层状撕裂，高、低温冲击韧性板，200~400mm 厚高强度特厚钢板，510~780MPa 高性能压力容器板和锅炉板（抗低温冲击韧性、高焊接性、高温抗蠕变）。这些产品都与特厚钢板的生产技术密切相关。因此，重大技术装备用特厚钢板被列入我国《钢铁产业振兴规划》中需重点推进品种开发和技术进步的领域。

特厚钢板特别是 80mm 以上极厚钢板作为各行业重大技术装备制造领域的关键材料，其生产工艺目前国内外主要有以下几种方法：

（1）连铸坯轧制技术。连铸板坯内部质量良好，能耗低，成材率高，采用普通连铸坯为原料轧制特厚钢板是近年来各生产企业重点研究的特厚钢板生产工艺。但是由于目前国内外最大连铸坯厚度为 400mm，一般不超过 320mm，受到压缩比的限制，生产 100mm 以上的特厚钢板往往难度很大。

（2）大型模铸钢锭轧制技术。这是国内轧制特厚钢板的传统生产工艺。这种轧制方法尽管可以保证一定的压缩比，但是由于模铸工艺的先天性缺陷，存在一系列问题：一是大型模铸钢锭内部偏析几乎无法避免，质量无法保证；

二是钢锭浇铸工序长、能耗大，还对环境造成一定的污染；三是轧制成材率低，一般不超过 70%。

（3）大型模铸钢锭锻造技术。这是一种国内外目前应用也比较广泛的特厚钢板生产技术。主要是为克服模铸钢锭内部质量差的缺点，对于模铸钢锭采用锻压机反复进行锻打，以改善钢板内部质量。与轧制法生产方式相比，生产效率低，成本高，成材率低，产品质量同板差异性大。

（4）大型电渣重熔钢锭/定向凝固钢锭轧制技术。这是一种近年来在国内新投入应用的特厚钢板生产技术，其原料为电渣重熔法生产的大型坯锭，具有非常高的内部质量，适合高品质特厚钢板的生产，但是这种生产工艺效率低，需将钢坯二次熔化，消耗大量能源，生产成本较高；国外有报道采用定向凝固钢锭生产大型钢锭，以解决偏析问题，但能耗大、成材率偏低等问题仍然存在。

（5）复合叠轧技术。这是日本 JFE 为生产异种金属复合板而研发的一项技术，在此技术基础上，采用两块连铸坯经真空电子束焊接组合成一块大板坯，然后进行轧制以生产特厚钢板。在国内，该技术已经在济钢、鞍钢、南钢等钢厂率先开始应用。

1.3.2 不锈钢复合板

不锈钢复合板是以不锈钢为覆层与碳钢或低合金钢基层结合而成的复合板，其兼备了不锈钢良好的耐蚀性和碳钢优良的力学性能，并能大大地节约合金成本，因而被广泛应用于石油化工、海水淡化、发电锅炉、水利设施等领域。

目前在国外，不锈钢复合板的生产技术主要为热轧复合法，表 1-1 列出了世界上采用热轧复合法生产不锈钢复合板的主要企业及其产品。日本在 20 世纪 90 年代初就已经开始利用热轧复合法制备宽幅不锈钢复合板[52~55]，发展至今技术已经非常成熟，其产品尺寸大，界面抗剪强度较高，不结合面所占比例较小，性能非常优良，在国际上处于领先水平[56~58]。1993~2009 年，日本公开了 200 多项关于金属复合板生产的专利技术。其中轧制技术是金属复合板中研究最多和最为关注的技术。随着市场对大规格不锈钢复合板需求量的不断增加，以及大功率轧机的出现和轧制技术的不断成熟，国际上大规格不锈钢复合板生产技术已定型为热轧复合技术。

表 1-1 世界主要的热轧不锈钢复合板生产企业及其产品

工　厂	产 品 种 类	最大尺寸 /m×m×mm	年产量 /t
JSW （日本）	基板：SS400、SM、SB、SPV、SCMV 等 复层：不锈钢	15×4.8×200	50000
JFE （日本）	基板：SS400、SM400、490 SPV（235、315、355）、 SCMV（2、3、4）、SB410、SGV（410、458、480） 复层：430、410S、304L、316L、317L、347	17×5.0×150	30000
Voestalpine AG （奥地利）	基板：Q235B、Q345B、16MnR 复层：304、316L、310S、1Cr13、duplex SS	15×3.8×120	30000

国内的不锈钢复合板的生产方法依然以传统的爆炸复合+轧制法为主，太钢、西安天力、重钢、浦钢等都在采用该法生产不锈钢复合板[9,59]。另外济钢和柳钢在利用钎焊轧制法生产不锈钢复合板[8,59]。中国的直接轧制法生产不锈钢复合板技术起步较晚，目前仅有中国一重能源装备材料科学研究所和柳钢等少数企业在利用热轧复合法制备不锈钢复合板[60~62]，且都处于试验发展阶段。近年来，东北大学 RAL 实验室在真空热轧不锈钢复合板领域展开研究，目前采用此方法制备的 304/Q235 不锈钢复合板强度已经达到487MPa[50,63]，性能非常优良，远高于国家标准及其他方法的产品性能，已达到日本生产的不锈钢复合板性能的同等水平，目前国内已有多家企业引进该技术，即将转变为实际生产力[64]。

1.3.3 钛钢复合板

钛具有比强度高、密度低、耐高温、韧性好、导热性能好和抗疲劳性好等优点，尤其是具有良好的耐腐蚀性能，能在大多数酸、碱、盐及海水中不腐蚀；钛合金可在 600 ℃以上的温度下工作，在同样的工作温度范围内，与钢、镍合金、铝合金相比，钛合金的比强度要高很多。但与钢铁材料及铝合金相比，钛的价格相对较高，因此钛的使用量与钢铁和铝合金相比要少很多[65]。钛钢复合板是以钛板为覆层与钢板结合而成的复合板，其不仅具备钛的优良的耐蚀性，而且具备了钢材较高的强度，另外其成本较低，因此被广泛应用于化学反应装置、热交换器、电极和海洋建筑物等处于强腐蚀环境内的结构[66~69]。

　　传统的钛钢复合板的生产方法是爆炸复合法。由于之前所提到的爆炸复合的局限性，热轧复合法现在已经成为钛钢复合板生产的新的发展方向[71,72]。日本在 20 世纪 60 年代已经成功利用热轧复合法制备了钛钢复合板[73]，特别是在 80 年代末以来，其钛钢复合板的热轧复合技术突飞猛进，取得了大量的专利成果。王敬忠等人[74]曾对日本轧制钛钢复合板的工艺技术进行了总结，其工艺技术已经非常成熟，目前已成为钛钢复合板的主要生产方法[75]，图 1-6 为 JSW 利用钛钢热轧复合板经冷加工成型后制备的锅炉封头，性能优良[70]。目前我国钛钢复合板的生产方法几乎全为较传统的爆炸复合法，尚无直接利用热轧复合法生产的厂家。国内对于轧制钛钢复合板的研究多处于试验阶段[76~78]。其中，西北有色金属研究院对热轧复合钛钢复合板研究起步较早，并取得了一定的成果，但未应用于工业生产[79]。由于爆炸复合法的限制，我国大厚度宽幅钛钢复合板大多仍需从国外进口，因此热轧复合法制备钛钢复合板的技术是国内复合板研究人员急需进行的研究课题。

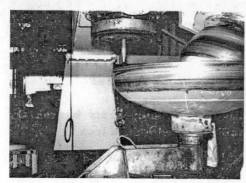

图 1-6　JSW 利用钛钢热轧复合板加工成的锅炉封头[70]

1.4　真空电子束焊接

　　电子束焊接是一种利用电子束作为热源的焊接工艺。电子束发生器中的阴极加热到一定的温度时逸出电子，电子在高压电场中被加速，通过电磁透镜聚焦后，形成能量密集度极高的电子束，当电子束轰击焊接表面时，电子的动能大部分转变为热能，使焊接件的结合处的金属熔融，当焊件移动时，在焊件结合处形成一条连续的焊缝。

电子束焊接技术因其高能量密度和优良的焊缝质量，率先在国内外航空工业得到应用。先进发动机和飞机工业中已广泛应用了电子束焊接技术，并取得了巨大的经济效益和社会效益，该项技术从20世纪80年代开始逐步向民用工业转化。汽车工业、机械工业等已广泛应用该技术。

真空电子束焊接技术（EBW）是一种先进、成熟的高能束焊接技术，是在高真空条件下用高能量密度的电子束轰击焊件接头处的金属，使其快速熔融，然后迅速冷却来达到焊接的目的。这种技术是前苏联巴顿焊接研究所（乌克兰）在20世纪80年代成功应用于太空空间站的焊接技术，太空为人类提供了一个大的无氧化的真空操作环境，前苏联技术人员将这一技术转移到地面，采用人工抽真空的方式创造出真空焊接环境，取得了巨大的成功，广泛应用于航空航天、核能工程、机械制造、石油化工、汽车、电子医疗器械等领域。

EBW技术由于焊接是在高真空中进行的，因此具有焊接热变形小、焊缝化学成分稳定且纯净、焊接接头强度高、焊缝质量好、可获得深宽比大的焊缝、焊接厚件可不开坡口一次成型、不会造成金属氧化等优点。真空电子束焊接具有以下特点：

（1）电子束能量密度高，一般可达$106 \sim 109 W/cm^2$，是普通电弧焊和氩弧焊的100~10万倍。因此可实现焊缝深而窄的焊接，深宽比大于10：1。

（2）电子束焊接的焊缝化学成分纯净，焊接接头强度高，质量好。

（3）电子束焊接所需线能量小，而焊接速度高，因此焊件的热影响区小、焊件变形小，除一般焊接外，还可以对精加工后的零部件进行焊接。

（4）可焊接普通钢材、不锈钢、合金钢及铜、铝等金属、难溶金属（如钽、铌、钼）和一些化学性质活泼的金属（如钛、锆、铀等）。

（5）可焊接异种金属，如铜和不锈钢、钢与硬质合金、铬和钼、铜铬和铜钨等。

（6）电子束焊接的工艺参数，如加速电压、束流、聚焦电流、偏压、焊速等可以精确调整，因此易于实现焊接过程自动化和程序控制，焊接重复性好。

（7）电子束焊接能焊接复杂几何形状工件。

（8）与普通焊接相比，其焊接速率更高（尤其对于大厚件的焊接工件）。

1.5 复合轧制的理论基础——双金属固相复合机理

金属固相复合主要是指两种或两种以上金属在固态下的冶金结合，其复合机理即固相复合材料的结合面在复合前、复合过程中及复合后的宏观形貌、微观结构、力学性能、化学性能和物理性能的变化及形成牢固结合的原理。20 世纪 50 年代以来，固相复合机理的研究日益深入，迄今为止对固相复合机理的了解还不够完善，主要的理论有金属键理论、能量理论、再结晶理论、扩散理论和三阶段理论。此外，还有位错理论、薄膜理论等。

（1）金属键理论：M. S. Burton 通过对金属复合的研究提出了金属键理论。他认为实现金属结合的唯一要求是使两种金属的原子足够靠近以使原子间的引力发挥作用。两金属间的固相结合是由于两组元金属接近到原子间量级距离，原子相互吸引，当相邻原子以平衡间距稳定排列时，两种金属原子的外层自由电子成为共同的电子，形成金属键而实现的。

（2）能量理论：A. N . 谢苗诺夫提出了金属结合的能量观点。他认为组元金属相互结合不是靠原子的扩散，而是取决于原子所具有的能量。当两种金属相互接触时，如果原子不具备结合所需要的最低能量，即使两金属接近到原子间量级距离，也不能结合。

（3）再结晶理论：John M. Parks 根据金属在变形量很大时，再结晶温度会显著下降的事实提出了金属结合的再结晶理论。他认为不同组元金属在高温下变形构成的结合是两组元结合面处的再结晶过程，即组元金属变形产生加工硬化，高温条件下结合面的晶格原子很快重新排列，形成同属两组元的共同晶粒，使两组元结合为一体。

（4）扩散理论：H. O. 卡扎柯夫提出了金属结合的扩散理论，他认为，两种金属的结合是在一定的压力、温度和时间的条件下，金属原子相互扩散而形成共有的扩散层所致。在实现金属结合的变形过程中，变形热的作用使金属接触区温度升高，从而使得金属原子受到激活，在界面附近形成一个很薄的互扩散区而实现了金属之间的结合。

（5）三阶段理论：该理论是在固相复合"三步法"工艺的基础上提出

的，三步法即金属复合时需经金属表面处理、轧制和扩散热处理（烧结）三个工序。该理论认为，任何在高温加压条件下进行的双金属复合过程都包含物理接触阶段、化学作用阶段和扩散阶段三个阶段。

第一阶段是物理接触阶段。组元金属在结合面接近到原子能够产生物理作用的距离。这一过程的实现是由于金属在外力作用下产生塑性变形，表面层破裂，新鲜金属从裂缝中挤出、相遇并达到原子间相互作用的距离。金属表面层裂缝的形成和扩展与表面层的性质、厚度及金属的变形程度有关；新鲜金属从裂缝中挤出与作用于金属的正压力有关。

金属表面层由三部分组成：与基体金属相邻层是表面经机械加工或钢刷清理、化学或电化学处理所形成的脆性层，覆盖脆性层的氧化层和氧化层上面的气体或液体吸附层（又称污染层）。脆性层的性质与表面处理方法、工艺条件和组元金属的性能有关，作用是保护基体金属在脆性断裂时暴露的新鲜金属表面不被氧化和污染，因为空气无法进入断裂的裂缝同暴露的新鲜金属接触，故称脆性层为覆盖层。金属在复合工艺过程中，氧化层的生成通常是难免的，或者是必然的。氧化层越薄越脆越容易破裂。采用真空或气体保护防止金属表面层氧化有益于复合。污染层是金属表面经溶液或酸液化学处理除去金属表面油脂时残留下来的液体和气体薄膜，它们由清洗液本身和大气环境中的水蒸气等组成并吸附于金属表面的最外层，这种薄膜韧性很好，在基体变形时不易断裂和剥落，但加热到一定温度时，则挥发而变成脆性薄膜。经清刷后的金属表面在复合前长时间暴露于大气环境中，尤其当空气湿度较大时，会明显降低复合强度。若复合时在真空中或保护气氛中加热，将使污染层气化挥发形成脆性膜，可明显提高复合强度。污染层的破裂不同于脆性层的脆断，它的厚度随基体变形逐步减薄。

新鲜金属的接触往往是既有从脆性层裂缝中挤出，又有污染层破裂后基体金属的显露，该两种接触在金属复合中所占主与次，同金属的性能、表面处理方法及工艺条件、表面处理后到复合前的停留时间以及环境、复合方法等有关。金属从裂缝中挤出，取决于裂缝宽度。宽度过小无法挤出；增加正压力，裂缝宽度增大，均有利于挤出，故可提高结合强度。

第二阶段是化学相互作用阶段。新鲜金属接触达到原子间作用距离，原子获外界赋予的能量，产生物理、化学相互作用，形成化学键，实现新鲜金属接触部分的点结合，即初结合。初结合强度应达到在自然状态中和完成下步工序过程中组元间不能分离的程度。

第三阶段是扩散阶段。双金属在完成物理接触实现初步结合后，各组元金属中的原子通过结合面相互扩散，以增进结合强度。初结合仅是两组元界面中新鲜金属暴露部分的局部点结合，被污染层、氧化层和硬化层覆盖着的部分只是组元表面层的接触并未形成结合而构成一体。通过结合点和接触面的原子扩散，扩大结合面，增加复合强度，即在一定的温度和时间条件下，结合点原子互相扩散，形成结合区；覆盖着的表面层熔化并扩散到组元金属中，使组元结合面构成连续牢固结合。

上述的各种固相复合机理都在一定程度上揭示了金属结合的规律，但是它们并不相互排斥，而是相互补充。

2 真空制坯复合轧制特厚钢板的技术与工艺

近年来，我国许多钢铁企业淘汰模铸工艺，陆续引进了连铸生产线。而真空复合轧制技术制备特厚钢板可避免对生产线的大幅改造，直接采用普通连铸坯进行复合，只需增加一个制坯车间，非常适合我国特厚钢板的生产。日本 JFE 公司对连铸坯复合轧制技术的公开报道非常少，高度保密，对具体的技术细节和生产工艺鲜有描述。东北大学轧制技术及连轧自动化国家重点实验室（RAL）在国内率先开展了连铸坯复合轧制特厚钢板方面的相关研究，进行了大量深入的实验和中试的研究工作[48,49,80~82]，开发出了多项具有自主知识产权的复合工艺技术和生产装备，目前已有多家钢铁企业应用该技术。本章对真空制坯复合轧制特厚钢板的技术与工艺进行了详细论述。

2.1 钢坯表面清理方式对复合效果的影响

钢坯表面清理是真空复合轧制的第一步，表面处理质量将直接影响后续复合的效果。本研究对四种表面处理方式进行实验研究，即化学处理法、角向钢丝刷打磨法、磨床加工处理法、直向钢丝刷打磨法。对经过四种方式处理后的钢坯进行真空电子束焊接，两块钢坯厚度均为50mm，焊接工艺保持一致，焊接电压80kV，电流25mA，焊接速度200mm/min。真空复合轧制工艺一致，轧制6道次，各道次压下率均为12%。对复合界面的微观组织和力学性能进行研究。

2.1.1 化学处理法

化学除锈的工艺流程为除油→热水洗→冷水洗→除锈→中和→流动水洗→干燥。除油流程采用 50~100g/L NaOH、10~35g/L NaPO₃、10~40g/L NaCO₃、10~30g/L NaSiO₃的水溶液，将钢坯浸入90℃溶液中3min，使油污充分去除。然后通过热水和冷水洗去钢坯上残存的酸液。除锈采用5%～20%（体积分数）盐酸、（5+0.075）g/L乌洛托品+三氧化二砷，将钢坯放入溶液中去除铁锈，溶液温度控制在40℃以下。中和用碳酸钠溶液（20～50g/L NaCO₃），温度40～60℃，中和时间约1min，中和掉钢坯上残留的酸液。通过流动水清洗掉钢坯表面残留的中和液；最后进行干燥。

图2-1为界面经过化学处理的复合板界面微观组织，其中白色块状组织为铁素体组织，黑色块状组织为珠光体组织。复合界面处出现明显的、连续分布的未焊合缝隙，复合效果差。

图2-1 经过化学处理的复合界面组织

经过化学处理的复合钢板界面出现自然开裂，有大面积的完全未复合区域。对完全未复合界面做扫描，发现其微观形貌上出现大量白色点状或块状物质，如图2-2a所示。对图2-2a中的白色块状物质做能谱分析，结果如图2-3所示，发现O、C、Si元素含量很高，远远超过了预期，相反Fe元素的含量很低。经分析这些元素的来源应该是化学除锈的酸洗残液。对图2-2b所示的弱复合界面中的白亮处做能谱分析，结果如图2-4所示，C、O、Fe元素含量很高，而且从图片上看在复合界面出现一定程度的黏接。

从上面的分析来看，酸洗除锈工艺比较复杂，操作也很困难，导致了复合界面酸洗残液清理不净，清理不净的残液将直接影响复合效果，造成了部分复合表面的自然开裂，以及部分区域的弱连接。

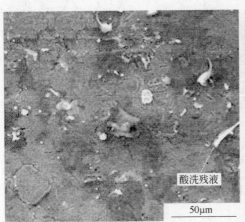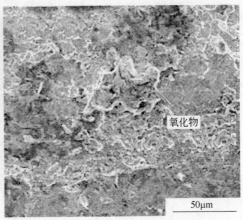

a   b

图 2-2　经化学处理的复合界面微观形貌

a—完全未复合界面；b—弱复合界面

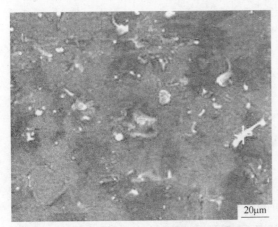

元素	质量分数/%	原子分数/%
CK	12.30	21.02
OK	38.74	49.69
NaK	2.22	1.98
AlK	4.20	3.20
SiK	20.43	14.93
KK	4.07	2.14
CaK	1.99	1.02
TiK	0.96	0.41
MnK	10.74	4.01
FeK	4.35	1.60
总量	100	100

图 2-3　残留酸液能谱分析

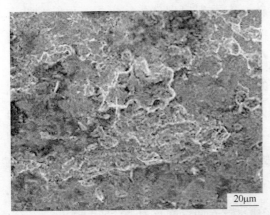

元素	质量分数/%	原子分数/%
CK	22.24	53.77
OK	4.13	7.51
SiK	0.79	0.81
MnK	1.43	0.76
FeK	71.41	37.15
总量	100	100

图 2-4　氧化物能谱分析

2.1.2 角向钢丝刷打磨法

针对第一批实验出现的问题，第二批实验采用机械除锈代替化学除锈，特厚复合钢板性能有了很大提高，复合钢板未发生自然开裂的情况。

对其做超声波探伤，如图 2-5 所示，发现在复合界面处出现明显的曲线回波，说明在复合界面处存在有尺寸大于 0.1mm 的集中缺陷。

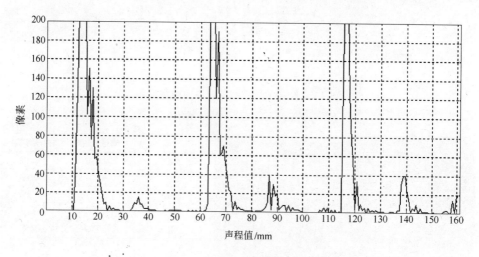

图 2-5　超声波探伤检验结果

复合界面质量直接影响着复合板最终的 Z 向拉伸性能，对轧后复合板在头、尾处取金相试样，其复合界面的显微形貌如图 2-6 所示。从图中可以看出，界面复合处清晰可见，个别复合界面处出现较大的未焊合裂纹，尺寸 $20\sim30\mu m$；界面结合处组织为铁素体，未发现出现珠光体组织，面结合处有明显的、大量分布的颗粒物存在。这是因为在表面处理过程中，特别是凹槽内的脏污，如铁屑、残锈等，残留在复合钢板表面。

图 2-7 为角向钢丝刷打磨表面的复合板 Z 向拉伸性能，从图中看未出现明显颈缩，断面收缩率较小，表现为脆性断裂，Z 向抗拉强度低，平均值约402MPa，小于基材抗拉强度，如表 2-1 所示。由上面的分析来看，角向钢丝刷打磨的复合板虽然没有自然开裂的现象发生但性能仍然不够理想，这主要是由于该方法的特点是钢丝刷平行于钢板表面打磨，这将导致钢丝刷打磨掉的氧化铁和污物不能被完全清除，最终残存在复合界面，导致力学性能的降低。

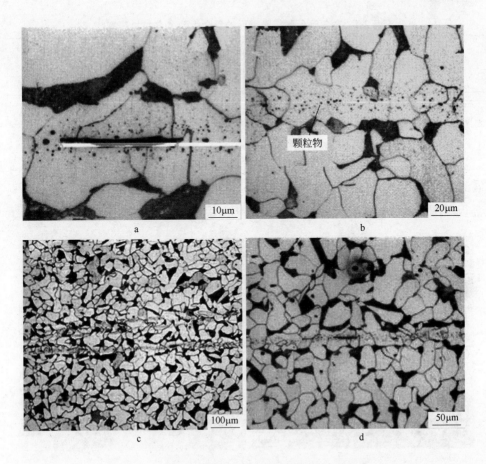

图 2-6 角向钢丝刷打磨表面的复合界面金相组织

a, c—头部样品; b, d—尾部样品

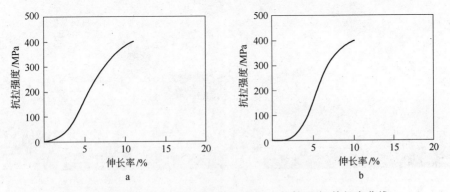

图 2-7 角向钢丝刷打磨表面复合板的 Z 向抗拉强度-伸长率曲线

a—头部样品; b—尾部样品

表 2-1 角向钢丝刷打磨表面的复合板的 Z 向抗拉强度

拉伸样编号	Z 向抗拉强度 σ_b/MPa	拉伸样编号	Z 向抗拉强度 σ_b/MPa
头部样品 1	380	尾部样品 3	420
头部样品 2	389	尾部样品 4	420

2.1.3 磨床加工处理法

　　磨床加工处理法即将待复合的连铸坯表面放在磨床上磨制加工至露出金属光泽，然后组合在一起以各道次压下率均为 12%、共 6 道次轧制下得到复合板。图 2-8 为复合界面的微观组织。从图中可以看出复合界面仍然存在复

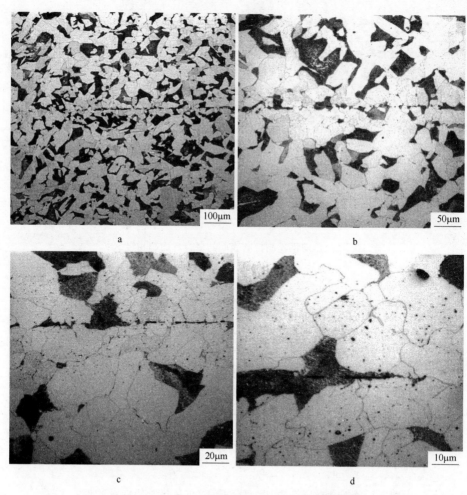

图 2-8 磨床加工的复合板复合界面金相组织

a，c—头部样品；b，d—尾部样品

合界面，界面处仍然存在大量夹杂物，但是已经没有微裂纹，复合界面珠光体和铁素体分布均匀。

图 2-9 为磨床加工下的复合板的 Z 向力学性能，从图中看拉伸过程颈缩不明显，塑性较差，但是抗拉强度很高，已经超过 500MPa。因此和角向钢丝刷打磨法相比，抗拉强度提高很明显，但是塑性提高的很有限，这说明磨床加工法的效果仍然不够理想。这主要是由于磨床加工时，会加入大量乳化液，这些乳化液主要起到冷却作用，高温的钢板在冷却的条件下表面容易生成氧化膜，这将直接影响复合效果。

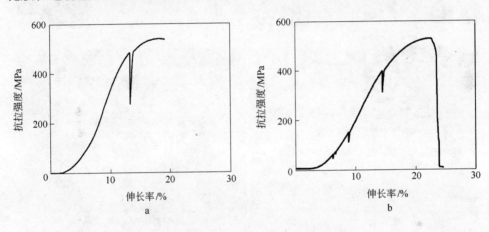

图 2-9 磨床加工法复合板的 Z 向力学性能

a—头部样品；b—尾部样品

2.1.4 直向钢丝刷打磨法

直向钢丝刷打磨法是将钢丝刷表面与钢板表面垂直，用钢丝刷侧面打磨钢板表面，这样打磨掉的氧化铁皮和污物将被从钢板表面彻底清除。对于轧制完成的复合板，在其头、尾部各取金相试样得到的金相照片如图 2-10 所示。从金相照片中可以看出，未复合界面已经完全消失，并且晶粒内部无夹杂物出现，该工艺下复合的界面十分良好。

对轧制完成的复合钢板，从其头部、尾部各取一个 Z 向拉伸试样，其 Z 向拉伸试验结果如图 2-11 所示，从图中看出两个样品有非常明显的颈缩，说明为韧性断裂，复合界面处的 Z 向抗拉强度和伸长率高于基体处的 Z 向抗拉强度，复合钢板的结合性良好。

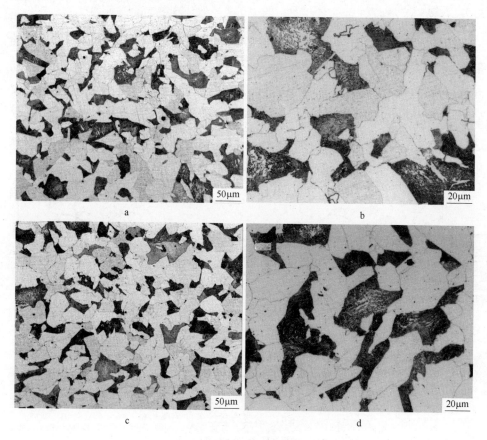

图 2-10 直向钢丝刷打磨复合界面的金相照片

a，b—头部；c，d—尾部

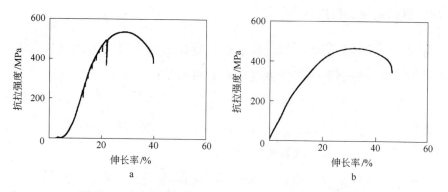

图 2-11 直向钢丝刷打磨下的 Z 向抗拉强度-伸长率曲线

a—头部位置；b—尾部位置

2.1.5 结论

从以上的分析结果能够得出以下结论：首先，化学法处理复合面使大量化学残余物存在于复合面，这直接导致了轧制后的复合板界面存在自然开裂的情况，复合效果十分不好；其次，采用角向钢丝刷打磨法使大量氧化铁皮存留在复合面，轧制后的复合表面虽没有自然开裂，但是界面存在微裂纹，力学性能仍然较低；再次，磨床加工过程中冷却液使复合表面发生氧化，最终使得复合界面存在大量夹杂物，复合板力学性能有所提高，但是和基材相比仍有差距；最后，直向钢丝刷打磨法可以完全清除复合面的氧化铁皮和污物，得到的复合板界面干净，力学性能优于基材。

2.2 焊接方法对复合板界面的影响

本节重点研究三种焊接工艺方法对复合板界面的影响，分别为：电弧焊接加机械泵抽真空、电弧焊接加机械泵和分子泵两级抽真空、真空电子束焊接。采用前述连铸坯作为实验材料。表面处理均采用直向钢丝刷进行打磨，最终令表面无锈。将焊接完成的钢板随炉加热到 1200℃，保温 2h，开轧温度约为 1150℃，终轧温度约为 1050℃，轧制速度约为 0.9m/s，轧制 6 道次，各道次压下率为 12%，总压下率为 54%。

2.2.1 电弧焊接加机械泵抽真空对复合界面的影响

这里的机械泵抽真空采用四种不同的方式进行。

方式一：采用手工电弧焊接将复合板四周焊接，留下一个抽气孔，用机械泵对界面抽真空，如图 2-12 所示。由于机械泵能力有限，最终真空度约为 0.6Pa。

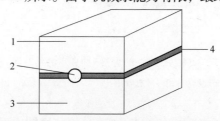

图 2-12　方式一的焊接及抽真空示意图

1—上层钢板；2—抽真空用孔；3—下层厚板；4—焊缝

直接对复合处采用手工电弧焊接密封，导致复合边缘氧化严重。轧制后自然开裂无法复合，发现未复合界面发蓝、发棕黑色，这是氧化的结果（图2-13）。

图 2-13　复合界面直接电弧焊接的影响

方式二：这里对复合板采用手工电弧焊焊接，但不直接对复合界面四周焊接，首先用厚 5mm、宽 40mm 的铁皮包覆在复合界面上，留下一个抽气小孔，然后将铁皮焊在工件上，如图 2-14 所示。加入铁皮包覆的目的是防止电弧对复合界面的氧化。采用机械泵抽真空，通过图 2-15 所示的装置对复合界面处抽真空，最后真空度约为 0.6Pa。采用该装置抽真空是为了提高真空度，防止抽真空结束后，外界空气的倒灌。

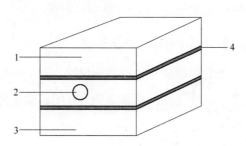

图 2-14　方式二的焊接+抽真空的示意图

1—上层钢板；2—抽真空用孔；3—下层厚板；4—焊缝

复合界面质量直接影响着复合板最终的 Z 向性能，对轧后复合钢板在头、尾处取金相试样，其界面显微形貌如图 2-16 所示。从图中可以看出，界面处

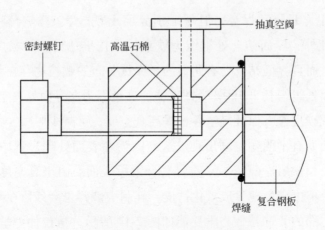

图 2-15 方式二下抽真空装置

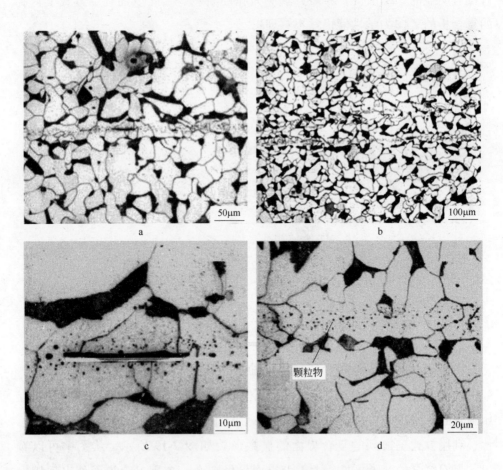

图 2-16 方式二焊接方法得到的复合界面金相组织

a，c—头部样品；b，d—尾部样品

清晰可见，且大部分已焊合，但是个别界面出现较大未焊合裂纹，尺寸为 20~30μm，此外，界面结合处组织为铁素体，几乎达到 100%，未发现出现珠光体组织，而且界面结合处有明显的、大量分布的颗粒物存在。

复合界面处组织几乎 100% 为铁素体，这是因为在界面处真空度太低，界面处发生了脱碳现象。保证气密性，提高真空度，可减少脱碳。

复合界面处有不明颗粒物出现。这是因为在表面处理过程中，特别是凹槽内的脏污，如铁屑、残锈等，残留复合钢板表面。由于真空度低，加热过程中，界面上不可避免地生成氧化铁皮，轧制中破碎也会残留在复合部位。

头部和尾部的 Z 向拉伸力学性能如图 2-17 所示。从拉伸力学性能曲线来看没有明显的颈缩出现，断裂方式应为脆性断裂，因此该抽真空方式下得到的复合板的 Z 向力学性能仍然不够理想。

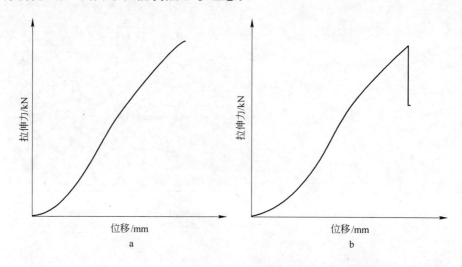

图 2-17　方式二下得到的复合板的 Z 向拉伸力-位移曲线

a—头部样品；b—尾部样品

方式三：不再采用需专门加工的抽真空试验装置，代替以简单的钢管，如图 2-18 所示。接到预留小孔上抽真空，达到要求的真空度后，将钢管烤红压扁封死。采用该方式的目的仍然是为了防止外界气体的倒灌。

利用方式三得到的复合界面的显微形貌如图 2-19 所示。从图中可以看出，界面复合处清晰可见，大部分界面已经焊合；个别复合界面处出现较大的未焊合裂纹，尺寸为 20~30μm，但出现裂纹的几率比方式二要小；界面结

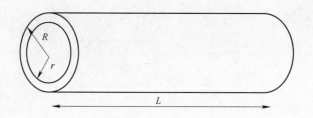

图 2-18 方式三抽真空用钢管

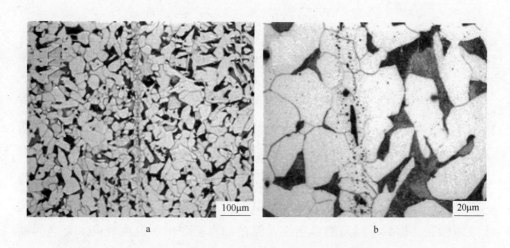

图 2-19 方式三得到的复合板的复合界面金相组织

a—头部样品；b—尾部样品

合处组织为铁素体，几乎达到 100 %，未发现出现珠光体组织；界面结合处有明显的、大量分布的颗粒物存在。

方式三复合界面出现的情况与方式二相似，主要问题还是真空度太低，导致加热过程中发生脱碳和氧化，复合界面生成太多氧化铁皮，这阻碍了基体新鲜金属的结合，导致复合界面处几乎全是铁素体，仍有裂纹出现。

抽真空方式三得到的复合板的 Z 向拉伸力学性能如图 2-20 所示。从拉伸力学性能曲线来看仍然没有明显的颈缩出现，断裂方式应为脆性断裂，因此该抽真空方式下得到的复合板的 Z 向力学性能仍然不够理想。

方式四：焊接抽真空不同处是采用边加热边管抽真空。具体方法是将复合板加热到 500℃ 以上，同时抽真空，利用加热使复合界面气体膨胀的原理使复合界面处气体更易排出，从而得到高的真空度。最终真空度小于 0.6Pa。

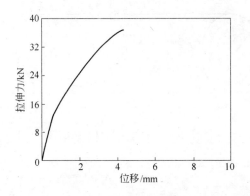

图 2-20　方式三得到的复合板的 Z 向拉伸力-位移曲线示意图

图 2-21 为抽真空方式四的复合界面显微形貌，从图中可以看出其形貌与方式二、三比较相似。如界面结合处组织几乎 100% 为铁素体，无珠光体组织；界面结合处有明显、大量分布的颗粒物；复合界面处有未焊合的缝隙存在。但我们发现与方式二、三的复合界面相比，方式四的复合界面一些部位未焊合缝隙几乎连续分布。这主要是由于边加热边抽真空，虽然温度高有利于气体膨胀，得到了较高的真空度，但在抽真空时由于温度较高，复合界面处发生了氧化，所以采用边加热边抽真空，特别是在低真空度时（0.6Pa），复合界面易氧化，严重影响复合质量。

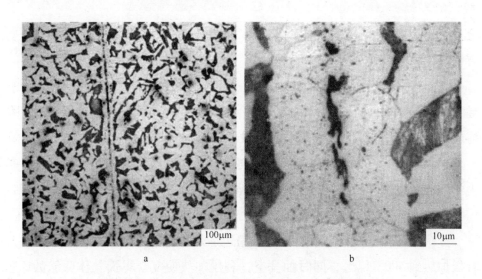

图 2-21　方式四得到的复合板复合界面金相组织

抽真空方式四的复合板的 Z 向拉伸力学性能如图 2-22 所示。从拉伸力学性能曲线来看没有明显的颈缩出现，断裂方式应为脆性断裂，因此该抽真空方式下得到的复合板的 Z 向力学性能仍然不够理想。

2.2.2　电弧焊接加机械泵和分子泵两级抽真空对复合界面的影响

　　电弧焊接加机械泵和分子泵两级抽真空过程共分为三种不同的方式。

　　方式一：其焊接采用手工电弧焊，留一个小孔，如图 2-23 所示。利用机械泵和分子泵抽真空，得到更低的真空度，最终真空度为 3.0×10^{-2} Pa。

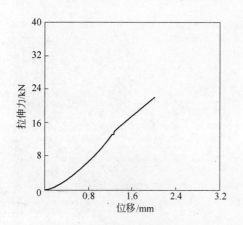

图 2-22　方式四得到的复合板的 Z 向
拉伸力-位移曲线

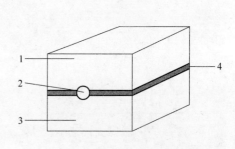

图 2-23　焊接及抽真空示意图
1—上层钢板；2—抽真空用孔；
3—下层厚板；4—焊缝

　　对得到的复合板界面进行微观组织分析，如图 2-24 所示，图 2-24a 和图 2-24b 为光学照片，图 2-24c 和图 2-24d 为扫描电镜照片。观察复合界面显微形貌，发现界面复合处清晰可见，但大部分已经焊合，个别复合界面处出现较大的未焊合孔洞，尺寸为 $5 \sim 10 \mu m$，界面结合处组织为几乎 100% 铁素体，未出现珠光体组织，界面结合处有明显、大量分布的颗粒物存在。复合界面仍很少有珠光体出现，这说明复合界面脱碳问题仍未很好解决。由于不是专业焊工焊接，实验中发现焊后多处漏气，补焊后仍未能完全解决，说明在进加热炉加热前，其复合界面处实际压强值一定大于 2×10^{-2} Pa。

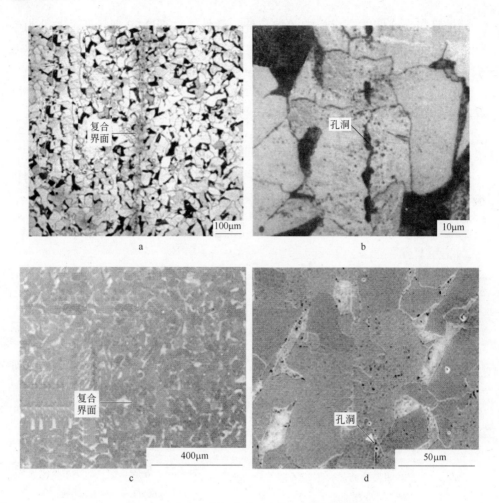

图 2-24　方式一的复合界面金相、扫描电镜照片

a, b—金相照片；c, d—SEM 照片

图 2-25 为方式一下得到的复合板的 Z 向拉伸力-位移曲线，图 2-25a 为头部样品，图 2-25b 为尾部样品。从曲线上看，头部样品为脆性断裂，没有出现明显的颈缩，而尾部样品则有明显的颈缩。图 2-26 为头尾部样品的 Z 向拉伸断口形貌。从该形貌图中可以发现，头部样品为典型的脆性断口形貌，出现了大量解理断面，而尾部的样品则为典型的韧性断裂形貌，出现了大量的韧窝状组织，这与图 2-25 所示的拉伸曲线相吻合。

方式二：为提高焊接密封质量，我们请具有国家级焊接证的专业焊工进行复合钢板的密封焊接。通过焊接后的检漏发现，密封质量较高，一次焊接密封成功率有了很大提高，漏气处明显减小，补焊后基本满足要求，这为得到高真空度提供了可性能，最后真空度为 $3.0×10^{-3}Pa$。

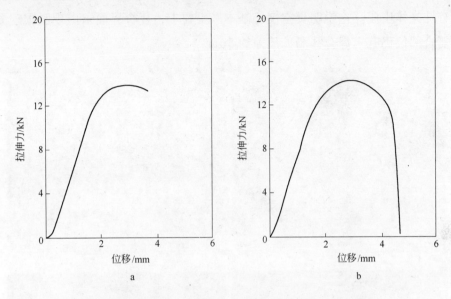

图 2-25　方式一下得到的复合板的 Z 向拉伸力-位移曲线

a—头部样品；b—尾部样品

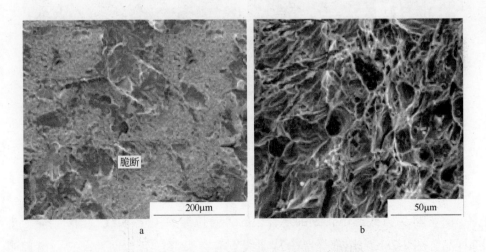

图 2-26　方式一下得到的复合板 Z 向拉伸断口扫描

a—头部样品；b—尾部样品

图 2-27 为方式二下得到的复合板的复合界面组织照片，图 2-27a、b 为光学显微镜照片，图 2-27c、d 为扫描电镜照片。从图中可以看出复合界面已经

形成了新的再结晶晶粒，另外，由于我们请专业焊工焊接，焊缝气密性有了保障，因此通过复合界面高真空度，很好地解决了界面脱碳，复合界面处开始有珠光体生成。这说明真空度已基本满足要求，复合界面未出现脱碳现象。但复合部位仍有未焊合孔洞，尺寸约5μm。

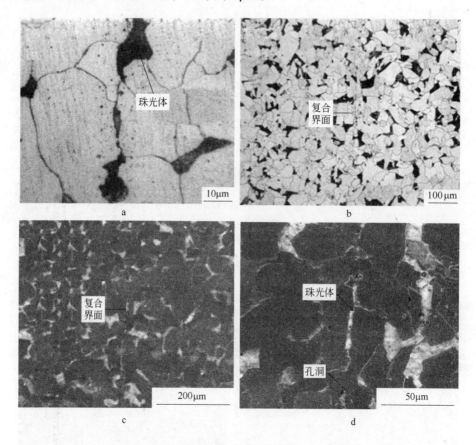

图 2-27 方式二下复合界面金相和扫描电镜照片

a，b—金相照片；c，d—SEM 照片

图 2-28 为方式二下得到的复合板的 Z 向拉伸力-位移曲线，图 2-28a 为头部样品，图 2-28b 为尾部样品。从曲线上看，头部样品为韧性断裂，出现明显的颈缩，而尾部样品则为明显的脆断。图 2-29 为头、尾部样品的 Z 向拉伸断口形貌。从该形貌图中可以发现，头部的样品则为典型的韧性断裂形貌，出现了大量的韧窝状组织，尾部样品为典型的脆性断口形貌，出现了大量解理断面，这与图 2-28 所示的拉伸曲线相吻合。

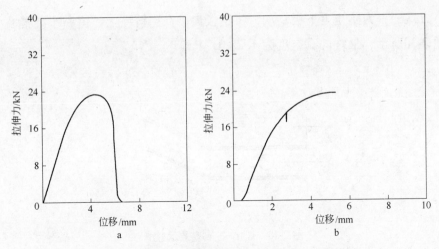

图 2-28 方式二下得到复合板的 Z 向拉伸力-位移曲线

a—头部样品；b—尾部样品

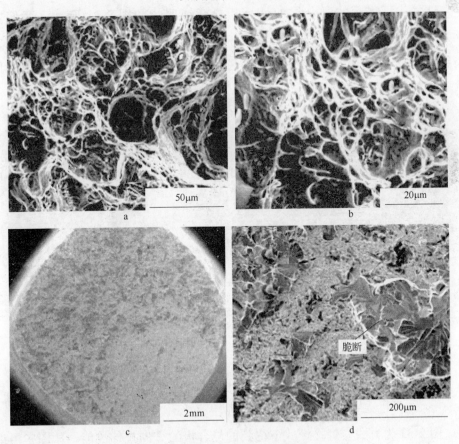

图 2-29 Z 向拉伸断口扫描

a，b—头部样品；c，d—尾部样品

方式三：为防止上下板错动，将钢板焊接在连铸坯上，留一小孔抽真空，如图 2-30 所示，最终的真空度为 $1.2×10^{-3}$Pa。

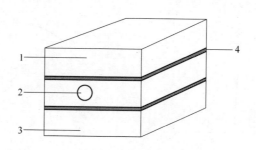

图 2-30 焊接+抽真空的示意图

1—上层钢板；2—抽真空用孔；3—下层厚板；4—焊缝

该方式下得到的复合界面处金相显微镜照片如图 2-31 所示，我们发现效果好的复合界面与基体已无两样，差的复合界面有明显的大裂纹，长约 100μm。这说明复合界面仍然存在一定的问题，即真空度控制的仍然不够好。

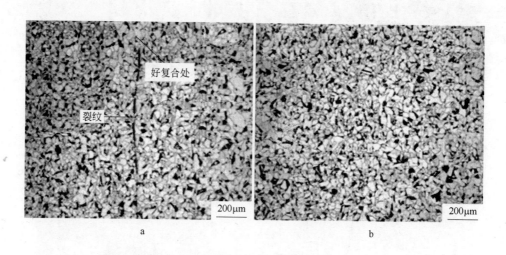

图 2-31 复合界面金相显微镜照片

a—头部样品；b—尾部样品

图 2-32 为方式三焊接模式下得到的复合板的 Z 向拉伸性能，从图中可以看出拉伸曲线的颈缩不是很明显，这说明力学性能也不是特别优异。

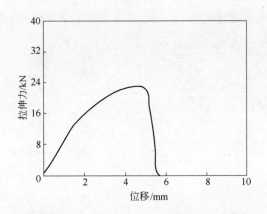

图 2-32 方式三下复合板的 Z 向拉伸力-位移曲线

2.2.3 真空电子束焊接对复合界面的影响

真空电子束焊接的真空度控制在 1×10^{-2} Pa，焊接深度为 10mm，焊接电压为 80kV，电流为 30mA，焊接速度为 300mm/min，采用下聚焦焊接。轧制后复合板的金相试样得到的金相照片如图 2-33 所示。从金相照片中可以看出，未复合界面已经完全消失，并且晶粒内部无夹杂物出现，该工艺下的复合界面十分良好。

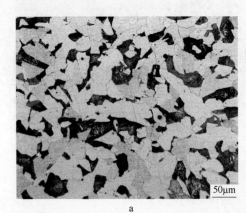

图 2-33 电子束焊接的复合板的界面金相照片

a—头部样品；b—尾部样品

其 Z 向拉伸试样的应力-伸长率曲线如图 2-34 所示，其弧顶均较宽，说明为韧性断裂，有明显的颈缩出现，同时说明复合界面处的 Z 向抗拉强度要高于基体处的 Z 向抗拉强度，复合钢板的结合性良好。

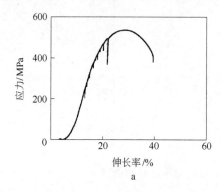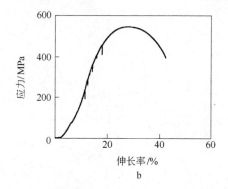

图 2-34　电子束焊接下的 Z 向拉伸应力-伸长率曲线

a—头部样品；b—尾部样品

电子束焊接下 Z 向拉伸试样断后照片如图 2-35 所示。

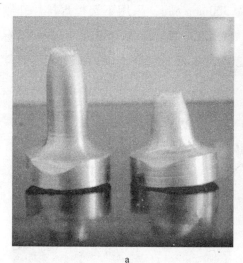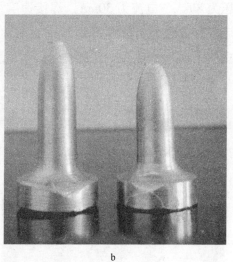

图 2-35　电子束焊接下 Z 向拉伸试样断后照片

a—头部样品；b—尾部样品

对 Z 向拉伸后的试样进行断口扫描，电镜照片如图 2-36 所示。从图中可以看出，其断后扫描照片中均有明显的韧窝组织，而未出现"河流状花样"，证明其断裂方式为典型的韧性断裂。

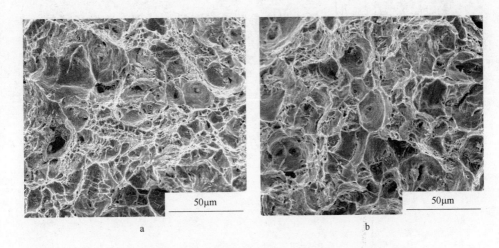

图 2-36　电子束焊接下复合板 Z 向拉伸后试样断口扫描电镜照片

a—头部样品；b—尾部样品

2.2.4　结论

（1）电弧焊接+机械泵抽真空下得到的复合钢板界面存在大量夹杂物和未复合的孔洞，且力学性能较差。

（2）电弧焊接+机械泵和分子泵两级抽真空下得到的复合板界面仍存在夹杂物，但是数量与单一机械泵抽真空相比要少，力学性能略有提高但仍然较差。

（3）用真空电子束焊接钢板进行复合得到的特厚板的复合界面则无夹杂物，且 Z 向力学性能优异。

2.3　电子束焊接工艺研究

本次实验是在东北大学轧制技术及连轧自动化国家重点实验室现有的 THDW-15 电子束焊机上进行的。其主要参数如下：加速电压 85kV；电子束流 80mA；电子束功率 15kW；真空度 1×10^{-2}Pa；设备总功率 50kW。本次实验中保持加速电压为 80kV 不变。本研究采用的是连铸坯进行焊接实验。

2.3.1　实验方案

本焊接实验主要研究了不同的焊接参数对焊缝的影响规律，并在此基础上，对组坯后具有间隙的坯料的焊接参数进行了优化处理，选择了最佳的焊接参数。

焊接实验流程如图 2-37 所示。

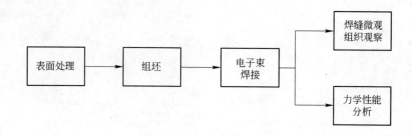

图 2-37　焊接实验流程图

其中：

（1）表面处理：先用铣床将每组坯料加工成相同的尺寸，在组坯之前，用直向砂轮机进行打磨，让其表面干净光滑。

（2）组坯：用夹具夹紧两块坯料，使其边缘平齐。

（3）焊接：组坯结束后放入焊机中对四边分别进行焊接。

（4）焊缝微观组织分析：从焊接完的坯料上取焊缝试样，在金相显微镜下观察其组织，并测量焊缝的熔宽、熔深，计算深宽比等数据。

（5）力学性能分析：加工拉伸试样，测定焊缝区的拉伸性能，并通过打点测量焊缝区的微观硬度，观察其变化规律。

2.3.1.1　焊接参数对焊缝影响规律实验方案

（1）焊接束流：分别采取四个不同的焊接电流并保持其他参数不变进行焊接。参数见表 2-2。

表 2-2　焊接工艺 1（不同的焊接束流）

序　号	焊接束流/mA	聚焦位置	焊接速度/mm·min^{-1}
A1	60	表面聚焦	300
A2	70	表面聚焦	300
A3	80	表面聚焦	300
A4	90	表面聚焦	300

（2）聚焦位置：分别采取四个不同的聚焦位置并保持其他参数不变进行焊接。参数见表2-3。

表2-3　焊接工艺2（不同的聚焦位置）

序　号	聚焦位置	焊接束流/mA	焊接速度/mm·min^{-1}
B1	表面聚焦 聚焦电流380mA	70	300
B2	下聚焦 聚焦电流370mA	70	300
B3	上聚焦 I 聚焦电流390mA	70	300
B4	上聚焦 II 聚焦电流400mA	70	300

（3）焊接速度：分别采取四个不同的焊接速度并保持其他参数不变进行焊接。参数见表2-4。

表2-4　焊接工艺3（不同的焊接速度）

序　号	焊接速度/mm·min^{-1}	焊接束流/mA	聚焦位置
C1	300	70	表面聚焦
C2	400	70	表面聚焦
C3	500	70	表面聚焦
C4	600	70	表面聚焦

2.3.1.2　间隙0.5mm工件的焊接工艺选择实验

在真空轧制复合特厚板组坯时由于坯料表面加工精度不高或装夹位置不准确等原因，经常会造成组坯之后两块坯料之间留有间隙（见图2-38）。因此，根据这种情况在以上焊接试验结果的基础上，对具有0.5mm焊接间隙的坯料进行了焊接参数的选择（见表2-5）。

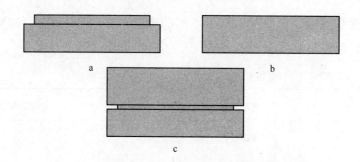

图 2-38　有间隙的工件示意图

a—加工凸台，凸台高度为 0.5mm；b—不加工凸台；c—a、b 组合

表 2-5　焊接工艺 4（工件带有 0.5mm 间隙）

序　号	聚焦位置	焊接束流 /mA	焊接速度 /mm·min^{-1}	扫描频率 /Hz	扫描范围
D1	表面聚焦 聚焦电流 380mA	70	300	—	—
D2	下聚焦 聚焦电流 360mA	70	300	—	—
D3	上聚焦 聚焦电流 400mA	70	300	—	—
D4	上聚焦 聚焦电流 390mA	70	300	500	X, $Y=100$

2.3.2　焊缝组织及力学性能分析

2.3.2.1　焊缝组织

采用束流 70mA、焊速 300mm/min、表面聚焦的参数焊接连铸坯料，得到如图 2-39 所示的焊缝组织。母材组织主要是珠光体和铁素体。电子束焊接是一个快速升温和快速冷却的过程，中心焊缝区分布着由中心向母材生长的柱状晶，柱状晶内主要为板条贝氏体和铁素体，此外还有少量的马氏体。由于电子束焊接的升温时间较短，远离焊缝的热影响区未实现完全奥氏体化，其组织主要是脱碳的珠光体，形态类似蜂窝，在脱碳珠光体周围存在大量细小铁素体。另外，在融合线附近的狭窄热影响区由于温度较高实现了奥氏体化，该区域存在贝氏体和马氏体。

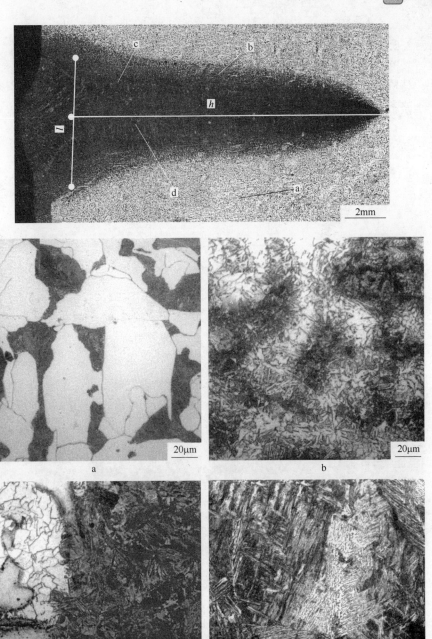

图 2-39 焊缝熔池及各部位的组织形貌

a—基体；b—热影响区；c—热影响区与焊缝区接界处；d—焊缝区；

l—熔宽；h—熔深

2.3.2.2 焊缝的力学性能

从焊接工件上取下两个焊缝拉伸试样进行拉伸试验，结果如图 2-40、图 2-41 及表 2-6 所示。

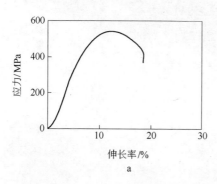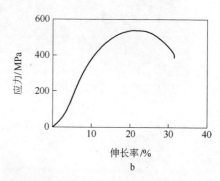

图 2-40　焊缝位置的拉伸应力-伸长率曲线

a—试样一；b—试样二

图 2-41　拉伸试样断裂后的宏观照片

a—试样一；b—试样二

表 2-6　焊缝位置的拉伸试验数据

项　目	抗拉强度/MPa	伸长率/%	断面收缩率/%	断裂位置	断裂方式
试样一	542	18.5	51	基体	韧断
试样二	539	31.8	54	基体	韧断

　　拉伸试验的结果表明，拉伸试样在母材上产生颈缩，并最终在这里发生断裂，断裂位置位于基体部分，且断裂方式为韧性断裂，这表明整个焊缝组织区域的抗拉强度都要强于基体。这是因为焊缝组织中多为贝氏体、马氏体和细小的铁素体，而热影响区为细小的铁素体和珠光体，这都要比母材中粗大铁素体、珠光体的抗拉性能要好。

　　另外，通过对焊缝各个区域的硬度进行研究，得到如图 2-42 所示的实验结果。硬度曲线表明焊缝区的硬度要高于基体与热影响区，分析原因为焊缝区组织多为贝氏体和少量马氏体，硬度相对较高。而在焊缝区内，中心位置的硬度要低于焊缝区边部的硬度值，分析原因是由于焊缝区内部冷却速度要比边缘的冷却速度慢，而最靠近热影响区的位置易出现马氏体组织，所以出现中心硬度低于边缘硬度的情况。

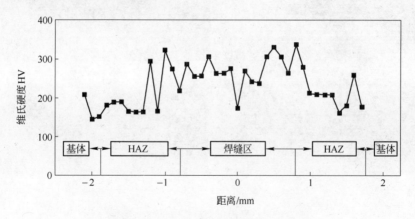

图 2-42　焊缝组织的硬度分布曲线

2.3.2.3　焊接参数对焊缝的影响

　　焊缝的熔池参数主要包括熔深、熔宽与深宽比等。熔深是指母材熔化部分的最深位与母材表面之间的距离。熔宽是指最宽的熔合线之间的宽度。深宽比是熔深与熔宽的比值，深宽比越大，焊缝性能越好。焊接过程中，焊接电压不变，都为 80kV。

A　不同的焊接束流对焊缝的影响

　　本实验在焊接速度为 300mm/min 和表面聚焦不变的条件下，采用不同焊接电流对工件进行焊接。共进行了四组实验，焊接电流分别为 60mA、70mA、80mA、90mA。

图 2-43 与表 2-7 分别为四组焊缝的熔池形貌及参数。从四组焊接束流的熔池参数中可以看出，随着焊接束流的增大，熔池的熔宽和熔深都在增大。这是因为电子束的焊接功率为：

$$P = UI$$

式中　P——功率，W；

　　　U——电压，kV；

　　　I——束流，mA。

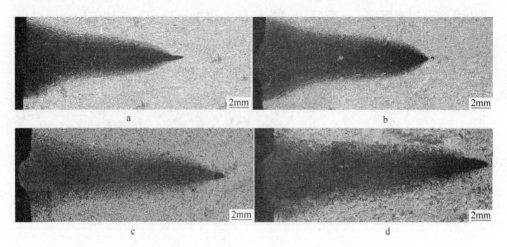

图 2-43　不同焊接束流焊缝的熔池形貌

a—60mA；b—70mA；c—80mA；d—90mA

表 2-7　不同焊接束流焊缝的熔池参数

焊接束流/mA	熔深/mm	熔宽/mm	深宽比
60	16.6	4.9	3.4
70	17.0	5.4	3.1
80	20.1	5.5	3.7
90	22.1	6.1	3.6

因此，在电子束加速电压不变的情况下随着焊接束流的增大，焊接功率越大。

又由焊接线能量公式：

$$E = P/S$$

式中　E——线能量，J/mm；

　　　P——功率，W；

　　　S——焊速，mm/s。

可知在速度不变的情况下，功率越大，输入的线能量越多。因此随着焊接束流的增大，熔池的熔深越深，熔宽也有所增加。另外，这四个束流焊接的熔池深宽比都大于3，都达到了很高的水平。

B　不同的焊接速度对焊缝的影响

本实验在焊接电流为70mA和表面聚焦保持不变的条件下，采用不同焊接速度对工件进行焊接。分别进行四组实验：焊接速度分别为300mm/min、400mm/min、500mm/min、600mm/min。

图2-44与表2-8分别为四组焊缝的熔池形貌及参数。从四个不同焊接速度焊缝的熔池参数可以看出，随着焊接速度的加快，熔池的熔深和熔宽都有所减小。原因为，在焊接电流和加速电压不变的情况下，焊接功率一定，随着焊接速度的增大，焊接线能量减小，表现为熔深和熔宽减小。

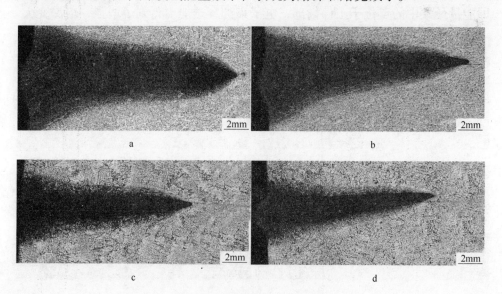

图 2-44　不同焊接速度下焊缝的熔池形貌

a—300mm/min；b—400mm/min；c—500mm/min；d—600mm/min

表 2-8 不同焊接束流焊缝的熔池参数

焊接速度/mm·min⁻¹	熔深/mm	熔宽/mm	深宽比
300	17.0	5.4	3.1
400	16.6	5.1	3.2
500	14.0	3.5	4.0
600	11.5	3.2	3.6

C 不同的聚焦位置对焊缝的影响

本实验在焊接速度为 300mm/min 和焊接电流为 70mA 保持不变的条件下，采用不同的聚焦方式对工件进行焊接。实验中共采用四组不同的聚焦电流参数：（1）表面聚焦，聚焦电流 380mA；（2）下聚焦 I，聚焦电流 370mA；（3）上聚焦 I，聚焦电流 390mA；（4）上聚焦 II，聚焦电流 400mA。

图 2-45 和表 2-9 是这四组不同聚焦位置的熔池形貌及其参数。这些数据表明，下聚焦时，熔深和熔宽相比于表面聚焦时都有所增大；而采用上聚焦时，熔深减小，熔宽增大，聚焦点越往上，熔深越浅，熔宽越宽。这种情况主要是由电子束的发散及聚焦点不同造成的。下聚焦时，聚焦点在表面下部，即能量最集中的点位于工件内部，电子束的穿透能力得到了增强，熔深变大。

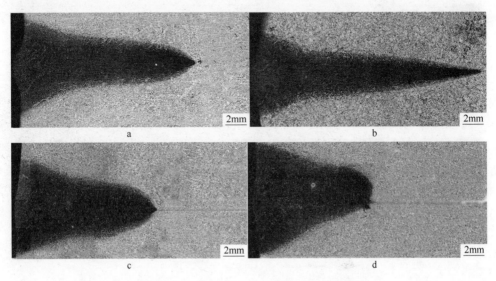

图 2-45 不同聚焦方式下焊缝的熔池形貌

a—表面聚焦；b—下聚焦 I；c—上聚焦 I；d—上聚焦 II

而上聚焦时，聚焦点位于工件表面上部，打到工件上的只是发散了的电子束，电子穿透能力差，但电子束发散可以使接触工件的电子束面积增大，可以获得很宽的熔深。

表 2-9　不同聚焦位置的熔池参数

聚焦位置	熔深/mm	熔宽/mm	深宽比
表面聚焦	17.0	5.4	3.1
下聚焦 I	21.9	6.0	3.7
上聚焦 I	13.9	6.4	2.2
上聚焦 II	10.9	7.8	1.4

2.3.3　间隙为 0.5mm 工件的焊接工艺

特厚复合钢板的坯料多为连铸坯料，组坯时当加工精度低或装夹位置不准确时，容易造成两块钢板间存有间隙。利用以上焊接实验总结出来的焊接规律，可以对特厚钢板组坯时存有间隙的工件进行焊接实验。焊接工件为一块存有间隙为 0.5mm 的工件。在焊接实验中，焊接束流为 70mA，焊接速度为 300mm/min 时，得到的焊缝深度和宽度均可以满足特厚钢板的焊接要求。因此在此实验中，焊接束流采用 70mA，焊接速度采用 300mm/min，通过改变聚焦方式对这个工件进行焊接。实验采用如下四组参数：（1）表面聚焦，聚焦电流 380mA；（2）下聚焦，聚焦电流 360mA；（3）上聚焦 I，聚焦电流 400mA；（4）上聚焦 II，聚焦电流 390mA，电子束进行 500Hz 扫描。

使用表面聚焦和下聚焦时，宏观照片（图 2-46）表明焊接间隙并没有被焊合，观察其熔池形貌（图 2-47）发现，工件内部形成了完整的焊缝，但靠近表面的一段间隙没有被连接。其中下聚焦时焊缝更加深入，没有焊合的间隙较多。这是由下聚焦电子束聚焦位置位于工件内部，聚焦点靠下，电子穿透能力较强造成的。

工艺（3）中，采用上聚焦，在表面聚焦的基础上将聚焦电流增大 20mA。宏观照片表明工件间的间隙已经被完全焊合，焊缝的成型较好；通过测量得知焊缝的熔深为 10.9mm，熔宽为 7.8mm，已经满足了特厚钢板的焊接要求。

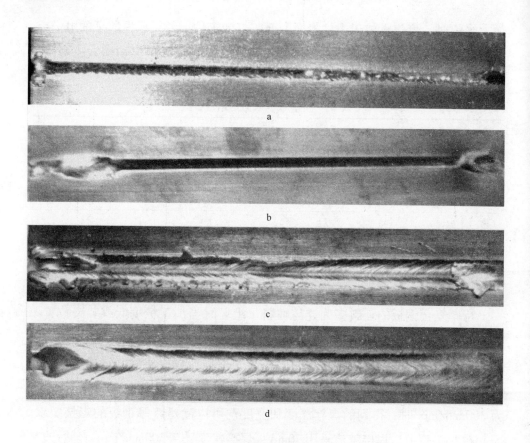

图 2-46 不同焊接参数下焊缝的宏观照片

a—表面聚焦；b—下聚焦；c—上聚焦Ⅰ；d—上聚焦Ⅱ

工艺（4）中，采用上聚焦，在表面聚焦的基础上聚焦电流增大 10mA，另外使电子束进行了频率为 500Hz 的扫描。从焊缝的宏观照片上看，焊接间隙已经完全被焊合，而且焊接成型较好，要优于焊接工艺（3），这是因为增加电子束流的扫描以后可以使焊缝熔池中的气体充分排除，从而得到成型较好的焊缝。焊缝的熔深为 13.9mm，熔宽为 6.4mm，可以满足特厚复合钢板的焊接要求。

综合以上四种焊接工艺实验结果得出，采用焊接工艺（1）和（2）时大部分焊接间隙不能够被焊合；采用焊接工艺（3）和焊接工艺（4）时可以将焊接间隙焊合，其中焊接工艺（4）焊缝的成型及熔深要优于焊接工艺（3）。因此在焊接具有 0.5mm 间隙的工件时，宜采用上聚焦、聚焦电流增加 10mA、

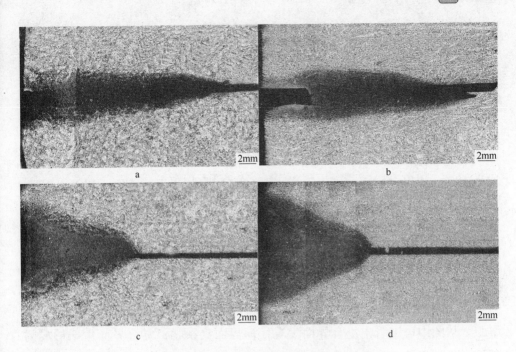

图 2-47　不同焊接参数下焊缝的熔池形貌

a—表面聚焦；b—下聚焦；c—上聚焦Ⅰ；d—上聚焦Ⅱ

使焊接束流进行 500Hz 扫描的工艺方法。

2.3.4　结论

（1）焊缝的间隙超过 0.5mm 时，焊缝很难成型。

（2）束流 25mA，聚焦电流 264mA，采用下聚焦方式焊接，焊接速度 200mm/min，真空度 1.6×10^{-2}Pa 的焊接规范得到的焊缝质量很好，焊缝深度为 9mm，宽度为 5mm。

（3）尽管采用乌克兰提供的旋转法焊接可以节省真空室容积，自由度少，但是仍然存在一些问题。由于工件重量大，焊缝如果有起伏，焊接过程中 Z 轴很难进行调节，焊缝均匀性较差，焊缝的深浅、宽窄均不同。

（4）随着焊接电流增大、焊接速度变慢，熔深和熔宽随之增大；随着聚焦点上移，熔深变浅，熔宽增大。当钢板之间存在焊接间隙时，宜采用上聚焦，若间隙较大可加以扫描焊接。对于 0.5mm 间隙的工件，宜采用上聚焦并施以 500Hz 的扫描，即可获得成型与性能最佳的焊缝。

2.4 轧制工艺对特厚复合钢板性能的影响规律

2.4.1 轧制道次对等厚度复合板组织性能的影响

本节进行五种轧制工艺研究，工艺一的压下率分别为 12%、12%、15%、15%、18%，总的压下率为 54.1%，共计轧制 5 道次；工艺二的各道次压下率均为 12%，共 6 道次；工艺三的压下率分别为 8.3%、9%、10%、10%、12%、12%、10%，总压下率为 52.9%，共计轧制 7 道次；工艺四的各道次压下率均为 8%，共 9 道次；工艺五的各道次压下率均为 5%，共 14 道次。以上各工艺参数是模拟以每道次压下量为 50mm 来轧制 400~600mm 厚组合连铸坯，参数的选择也是以此为基础的。

图 2-48 为工艺一即 5 道次（首道次压下率 12%）轧制下复合界面的微观组织。从图中可以看出复合界面没有任何界面夹杂物，复合界面由新形成的再结晶晶粒组成，整个复合界面的铁素体和珠光体分布比较均匀，即该轧制工艺下复合板界面组织很好。

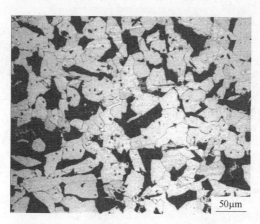

图 2-48 工艺一（5 道次轧制，首道次压下率 12%）下连铸坯的复合界面微观组织

按照轧制工艺二即 6 道次（各道次压下率 12%）进行轧制后，在复合板头、尾部各取金相试样得到的金相照片如图 2-49 所示。从金相照片中可以看出，未复合界面已经完全消失，并且晶粒内部无夹杂物出现，该工艺下的复合界面十分良好。对复合钢板进行超声波探伤，如图 2-50 所示，未发现复合界面处有明显回波，说明在复合界面处无尺寸大于 0.1mm 的集中缺陷，复合效果良好。

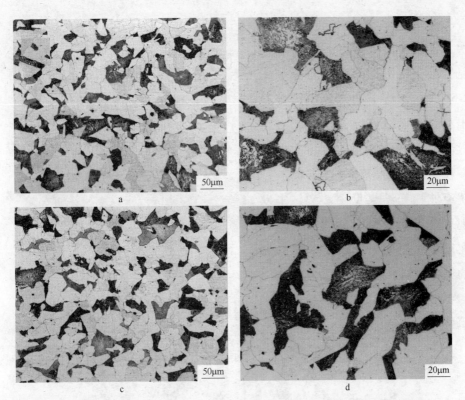

图 2-49 轧制工艺二（6 道次，各道次压下率为 12%）复合界面的金相照片

a，b—头部位置；c，d—尾部位置

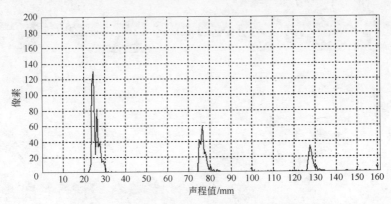

图 2-50 轧制工艺二下复合板的超声波探伤结果

图 2-51 为工艺三即 7 道次（首道次压下率 8.3%）轧制下复合界面的微观组织。从图中可以看出复合界面没有任何界面夹杂物，复合界面由新形成的再结晶晶粒组成，整个复合界面的铁素体和珠光体分布比较均匀，即该轧制工艺下复合板界面组织很好。

按照轧制工艺四（共轧制9道次，各道次压下率8%）轧制后，复合板头、尾部的金相照片如图2-52所示，从金相照片中可以看出复合界面已经完全消失，只在界面的晶粒内部存在1 μm左右的颗粒状夹杂物。对复合钢板进行超声波探伤结果见图2-53，未发现复合界面处有明显回波，说明在复合界面处无尺寸大于0.1mm的集中缺陷，复合效果良好。

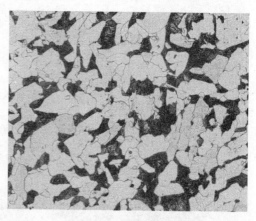

图2-51 工艺三（7道次，首道次压下率8.3%）下连铸坯的复合界面微观组织

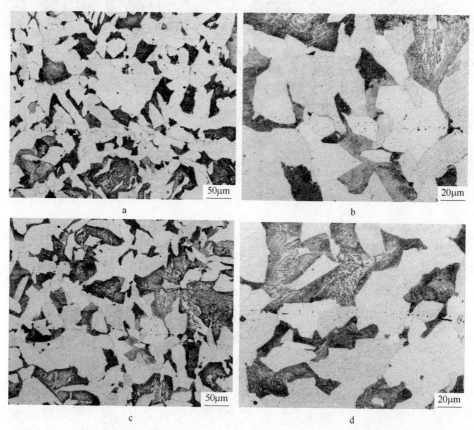

图2-52 轧制工艺四（共轧制9道次，各道次压下率8%）复合界面附近的金相照片

a，b—头部位置；c，d—尾部位置

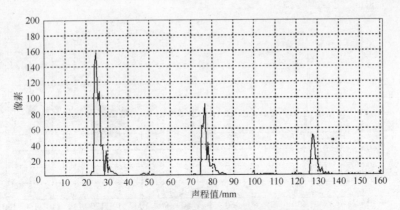

图 2-53　轧制工艺四下复合板的超声波探伤结果

　　轧制工艺五（共轧制 14 道次，各道次压下率 5%）轧制的复合板头、尾部的金相照片如图 2-54 所示，可以看出，没有复合界面的存在，只在晶粒内有少量弥散的夹杂物。对复合钢板进行超声波探伤，结果如图 2-55 所示，未发现复合界面处有明显回波，说明在复合界面处无尺寸大于 0.1mm 的集中缺陷，复合效果良好。

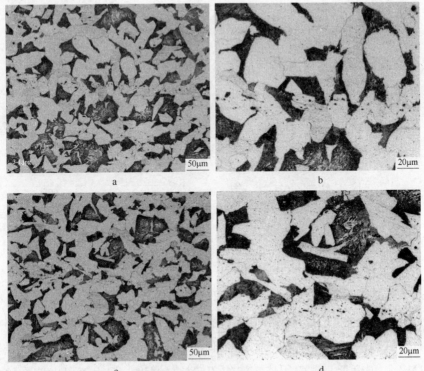

图 2-54　轧制工艺五（共轧制 14 道次，各道次压下率 5%）复合界面附近的金相照片

a，b—头部位置；c，d—尾部位置

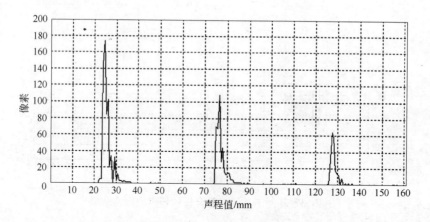

图 2-55 轧制工艺五下复合板的超声波探伤结果

图 2-56 为工艺一（轧制 5 道次，首道次压下率 12%）条件下连铸坯的 Z 向拉伸性能。可以看出其力学性能接近基材的力学性能，而且拉伸过程中发生了明显的颈缩，具有塑性断裂的典型特征，说明该工艺条件下得到的复合板的力学性能十分优异。

对于按照轧制工艺二（共轧制 6 道次，各道次压下率均为 12%）进行轧制的复合钢板，从其头部、尾部各取两个 Z 向拉伸试样，其 Z 向拉伸试验结果如表 2-10 所示。从表 2-10 可以看出，从头部取的拉伸试样其抗拉强度接近轧制的基材，其应力-伸长率曲线（图 2-57a、b）的弧顶均较宽，说明为韧性断裂；而从尾部所取的 Z 向拉伸试样 c 的抗

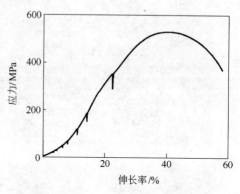

图 2-56 工艺一（共 5 道次，首道次压下率 12%）下连铸坯 Z 向拉伸性能

拉强度为 523.2 MPa，但由于其断面收缩率及伸长率都较低，并且其应力-伸长率曲线（图 2-57c）的弧顶较窄，表现为突然断裂，可能是由于试验用连铸坯内部存在较大的缺陷所致；而从尾部所取的 Z 向拉伸试样 d 的抗拉强度为 468.1MPa，强度低于试验用连铸坯的 Z 向抗拉强度；但由于以上四个拉伸试样的断口均在基体上，而不是在复合界面处，如图 2-58 所示，说明复合界面

处的 Z 向抗拉强度要高于基体处的 Z 向抗拉强度，复合钢板的结合性良好。

表 2-10　轧制工艺二下 Z 向拉伸试验结果

项　目	抗拉强度/MPa	断面收缩率/%	伸长率/%	断面所处位置
a（头部）	535.6	61.5	39.4	基材
b（头部）	548.0	62.9	42.2	基材
c（尾部）	523.2	29.8	18.3	基材
d（尾部）	468.1	38.7	46.2	基材

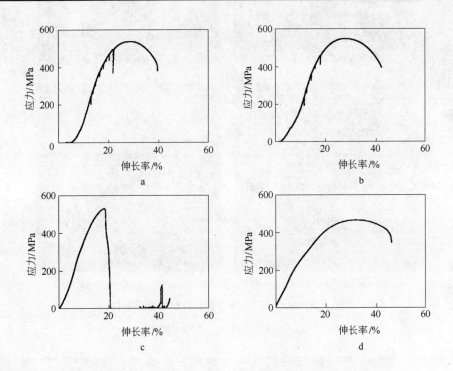

图 2-57　轧制工艺二下的 Z 向拉伸应力-伸长率曲线

a，b—头部位置；c，d—尾部位置

对 Z 向拉伸后的试样进行断口扫描，如图 2-59 所示，从图 2-59a 和图 2-59b 中可以看出，其断后扫描照片中均有明显的韧窝组织，而未出现"河流状花样"，证明其断裂方式为典型的韧性断裂；从图 2-59c 中可以看出，其断口处出现了明显的"河流状花样"，证明其断裂方式为典型的脆性断裂，这可能也是其发生突然断裂的原因；从图 2-59d 中可以看出，在 Z 向拉伸试样 d 的断口中同时出现了韧窝组织和"河流状花样"，证明其断裂方式为韧性-脆性相结合的断裂方式，这也是其 Z 向抗拉强度较小的原因。

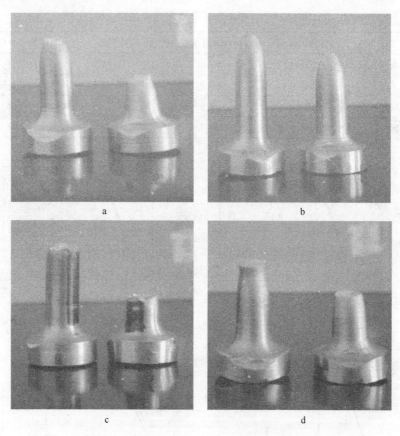

图 2-58 轧制工艺二下 Z 向拉伸试样断后照片

a，b—头部位置；c，d—尾部位置

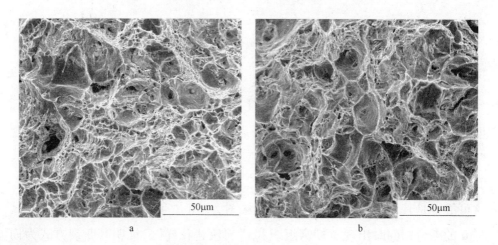

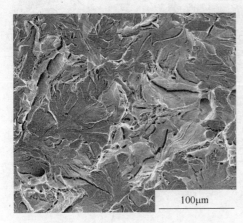
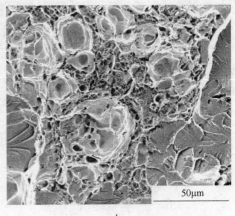

100μm 50μm

c   d

图 2-59　轧制工艺二下 Z 向拉伸后试样断口扫描电镜照片

a，b—头部位置；c，d—尾部位置

　　图 2-60 为工艺三（轧制 7 道次，首道次压下率 8.33%）条件下连铸坯的 Z 向拉伸性能。可以看出其力学性能接近基材的力学性能，而且拉伸过程中发生了明显的颈缩，具有塑性断裂的典型特征，说明该工艺条件下得到的复合板的力学性能十分优异。

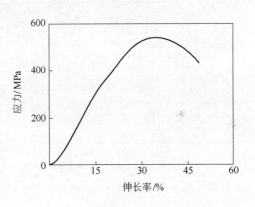

图 2-60　轧制工艺三下 Z 向拉伸性能

　　对于按照轧制工艺四（共轧制 9 道次，各道次压下率均为 8%）轧制的复合钢板，从其头部、尾部各取两个 Z 向拉伸试样，其 Z 向拉伸试验结果见表 2-11，应力和伸长率之间的关系如图 2-61 所示。从表 2-11、图 2-61 可以看出，四个 Z 向拉伸试样的抗拉强度均接近轧制的基材的抗拉强度。Z 向拉伸试样断口均不在复合界面处，这表明复合界面处的强度要高于基体处的强度。

　　对 Z 向拉伸后的试样进行断口扫描，如图 2-62 所示，可以看出从尾部、头部取的 Z 向拉伸试样的断口均为明显的韧性断裂，在其断口扫描照片上出现了明显的韧窝组织，而未出现"河流状花样"，表明在拉伸过程中并没有发生脆性断裂，由此可以说明复合钢板的塑性良好。

表 2-11 轧制工艺四下 Z 向拉伸试验结果

项 目	Z 向抗拉强度/MPa	断面收缩率/%	伸长率/%	断面所处位置
a（头部）	549.5	48.2	36.6	基材
b（头部）	539.8	42.2	30.7	基材
c（尾部）	541.4	60.2	40.0	基材
d（尾部）	539.5	51.8	50.6	基材

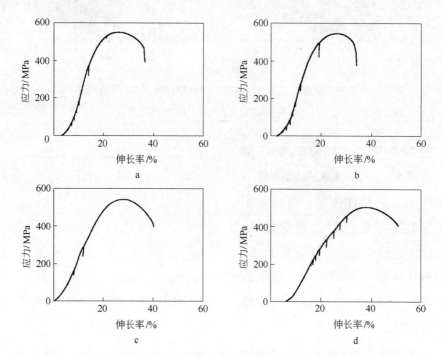

图 2-61 轧制工艺四下 Z 向拉伸应力-伸长率曲线

a，b—头部位置；c，d—尾部位置

对于按照轧制工艺五（共轧制 14 道次，各道次压下率均为 5%）轧制的复合钢板，从其头部、尾部各取两个 Z 向拉伸试样，其 Z 向拉伸试验结果如表 2-12 所示。从表 2-12 中可以看出，四个 Z 向拉伸试样的抗拉强度接近轧制的连铸坯基材的抗拉强度，其 Z 向拉伸断裂位置如图 2-63 所示，从照片中可以看出其断面所处位置均不在复合界面处，这表明复合界面处的强度即为基体处的强度。其 Z 向拉伸应力-伸长率曲线弧顶均较宽（图 2-64），表明塑性较好。对 Z 向拉伸后的试样进行断口扫描，如图 2-65 所示，可以看出尾、头

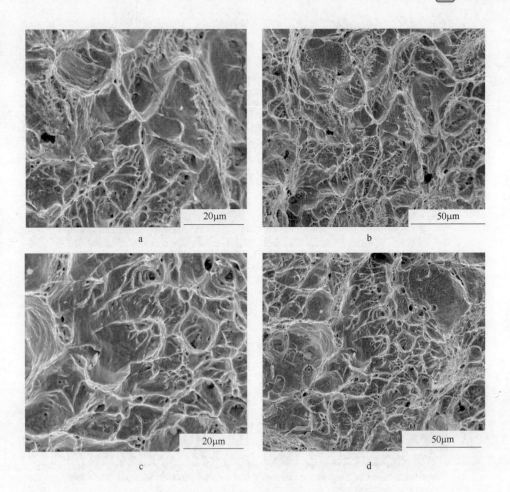

图 2-62 轧制工艺四下 Z 向拉伸后试样断口扫描电镜照片

a，b—头部位置；c，d—尾部位置

部取的 Z 向拉伸试样的断口均为明显的韧性断裂，在其断口扫描照片上出现了明显的韧窝组织，而未出现"河流状花样"，表明在拉伸过程中并没有发生脆性断裂，由此可以说明复合钢板的塑性良好。

表 2-12 轧制工艺五下 Z 向拉伸试验结果

项 目	Z 向抗拉强度/MPa	断面收缩率/%	伸长率/%	断面所处位置
a（头部）	550.9	45.2	40.7	基材
b（头部）	552.5	51.2	73.3	基材
c（尾部）	554.4	54.4	45.2	基材
d（尾部）	560.5	45.7	38.4	基材

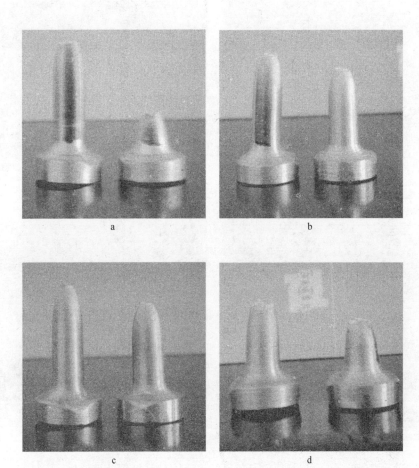

图 2-63 轧制工艺五下 Z 向拉伸试样断后照片

a，b—头部位置；c，d—尾部位置

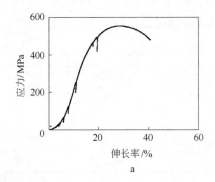

a

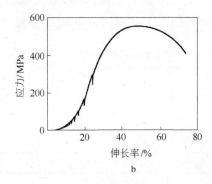

b

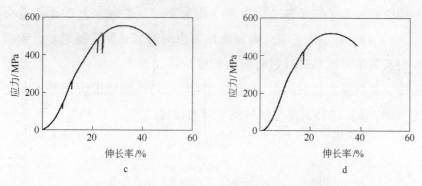

图 2-64　轧制工艺五下 Z 向拉伸应力-伸长率曲线

a，b—头部位置；c，d—尾部位置

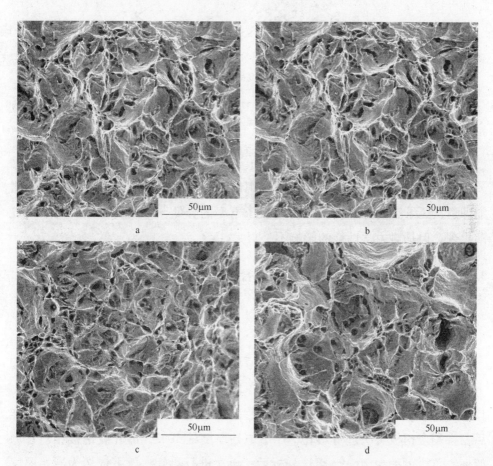

图 2-65　轧制工艺五的 Z 向拉伸后断口扫描电镜照片

a，b—头部位置，c，d—尾部位置

对按照轧制工艺二（各道次压下率均为 5%）、轧制工艺四（各道次压下率均为 8%）以及轧制工艺五（各道次压下率均为 12%）轧制的复合钢板，在复合界面及其附近的基体处进行显微硬度分析，如图 2-66 所示。通过图 2-66 可以看出，复合界面处的显微硬度值和其附近的显微硬度值相差不大（平均值约为 160HV），这表明复合板的硬度分布比较均匀。

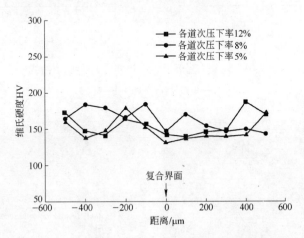

图 2-66   不同工艺下复合界面及其附近显微硬度分布

从上面的轧制道次对复合板的组织性能影响研究中发现，轧制道次的增加即道次压下率的降低尤其是首道次压下率的降低，导致复合界面夹杂物逐渐出现，但是对力学性能的影响不是很大。

2.4.2　总压下率对连铸坯复合钢板复合的影响规律

2.4.2.1　实验方案

对一块以连铸坯为原料复合的特厚钢坯，进行了 7 次轧制。实验方法如下：将此块焊好的连铸坯钢板（轧前厚度为 128mm）进行加热，加热温度为 1200℃，保温 1h 后进行轧制，总压下率为 10%；锯切金相试样与拉伸试样后，将剩余钢板再次进行热轧，压下原始厚度的 10%，即轧后钢板相对于原始坯料总压下率为 20%。切样分析后，再次进行热轧，压下依然为原始厚度的 10%。如此循环轧制 7 次，得到总压下率分别为 10%、20%、30%、40%、50%、60%、70% 7 组复合钢板的数据。具体流程见图 2-67。

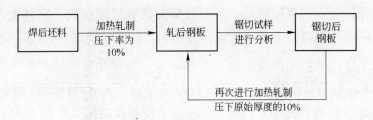

图 2-67　实验流程图

2.4.2.2　总压下率对复合界面微观组织的影响

A　10%压下率连铸坯钢板复合界面的组织

图 2-68 为连铸坯压下率为 10%时的金相照片及 SEM 图片。照片中发现有

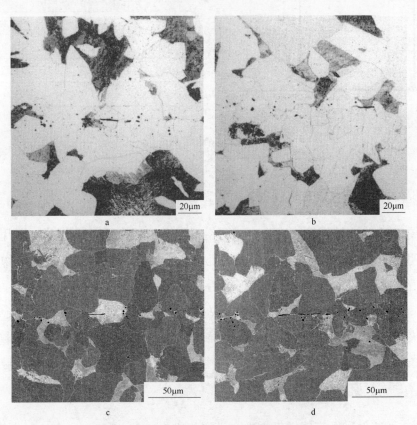

图 2-68　10%压下率时复合界面的微观组织

a，c—从头部取样；b，d—从尾部取样

一条很明显的界面与界面缺陷，界面处部分区域已经形成了完整的晶粒，但尺寸较大的缺陷阻碍了晶粒的形成，表现为在长条状缺陷处形成不同的晶粒。缺陷数量很多，从缺陷的形态看，形状各异，有细小的颗粒状夹杂，也有长度在 $10\mu m$ 左右的长条状的夹杂物，在扫描电镜下观察到有如图 2-68d 所示连续的沿晶界分布的总长度大约在 $50\mu m$ 的大长条状缺陷。从图 2-69 所示的对缺陷进行的能谱分析中可以看出，缺陷处所含元素基本为 Fe、Si、Mn、Al 和 O，说明夹杂物的成分多是 Fe、Si、Mn、Al 等元素与 O 结合形成的氧化物。

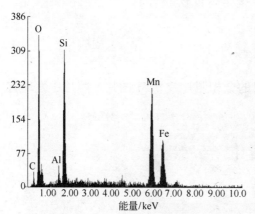

元素	质量分数/%	原子分数/%
CK	8.61	19.20
OK	23.98	40.14
AlK	1.78	1.76
SiK	15.09	14.39
MnK	33.76	16.46
FeK	16.78	8.05
总量	100	100

图 2-69　夹杂物能谱分析

B　20%压下率连铸坯钢板复合界面的组织

图 2-70 为连铸坯压下率为 20%时钢板的金相照片及 SEM 图片。图片中可发现明显的界面与界面缺陷，但界面处已经形成了完整的晶粒，夹杂物一般都附着在晶粒内部。从夹杂物的形态看，夹杂物的数量很多，多为颗粒状的夹杂。颗粒大小不一，最大的有 $5\mu m$ 左右。相对于 10%压下率时，复合界面处的夹杂物形状、尺寸、数量都有明显变化。在 20%压下率时已经基本看不到长条状的夹杂物，夹杂物的尺寸变得更小，而且从数量上看也有明显的减少。

C　30%压下率连铸坯钢板复合界面的组织

图 2-71 为连铸坯压下率为 30%时的金相照片及 SEM 图片。在照片中能够

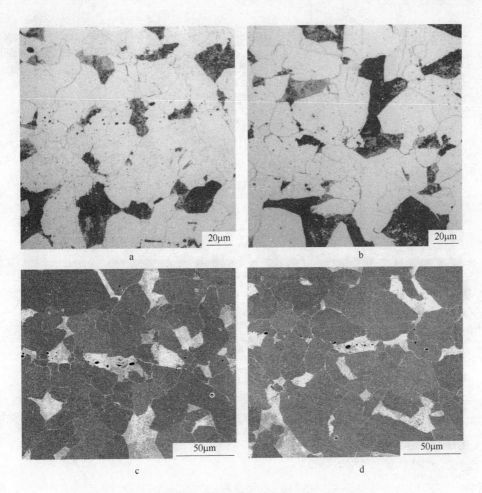

图 2-70　20%压下率钢板复合界面的微观组织

a, c—从头部取样；b, d—从尾部取样

看到复合界面，但不是很明显，放大后发现在界面处已经形成了完整的晶粒，夹杂物都附着在晶粒内部。从夹杂物的形态看，多为颗粒状的夹杂，最大的颗粒尺寸大约在 3μm，没有发现长条状的夹杂物。相对于 20%压下率时，30%压下率时夹杂物的尺寸变得更小，数量也有所减少，分布也变得要弥散许多。

　　D　40%压下率连铸坯钢板复合界面的金相组织

　　图 2-72 为连铸坯压下率为 40%时钢板的金相照片和 SEM 图片。照片中界面已经很不明显，放大后发现在界面处已经形成了完整的晶粒，夹杂缺陷都

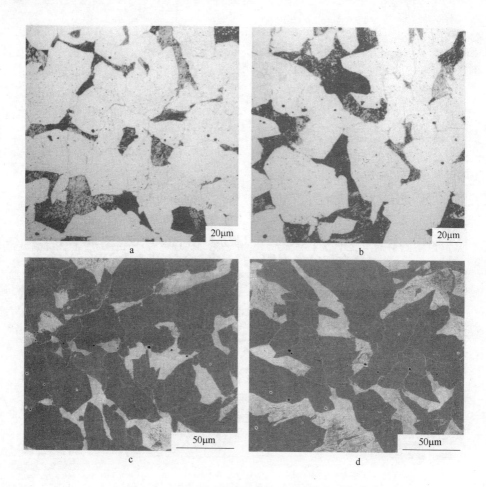

图 2-71 30%压下率钢板复合界面的微观组织

a, c—从头部取样；b, d—从尾部取样

附着在晶粒内部。从夹杂物的形态看，多为细小的颗粒状的夹杂，最大的颗粒尺寸不超过 3μm 左右，没有发现长条状的夹杂物。相对于 30%压下率时，40%压下率时夹杂物的尺寸变得更小，尺寸较大的夹杂物明显减少，夹杂物总量减少。

E 50%压下率连铸坯钢板复合界面的金相组织

图 2-73 为连铸坯压下率为 50%时钢板的金相照片。可以发现在界面处已经形成了完整的晶粒。从夹杂物的形态看，多为细小的颗粒状的夹杂，最大的颗粒尺寸不超过 2μm，没有发现长条状的夹杂物。

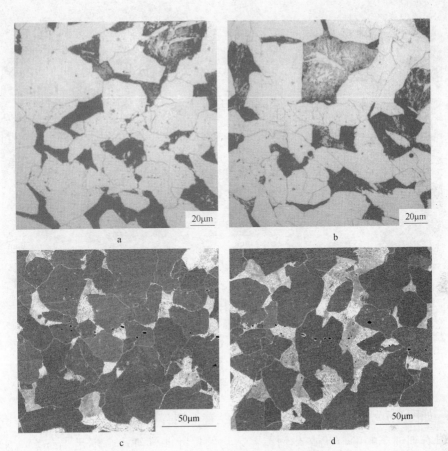

图 2-72　40%压下率钢板复合界面的微观组织

a，c—从头部取样；b，d—从尾部取样

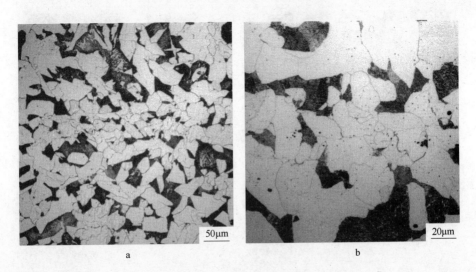

c   d

图 2-73   50%压下率钢板复合界面的微观组织

a，c—从头部取样；b，d—从尾部取样

F   60%压下率连铸坯钢板复合界面的金相组织

如图 2-74 所示，在低倍照片下已经看不到界面的存在，放大到 500 倍时可以看到细小的颗粒状夹杂物，夹杂物的尺寸非常细小，不足 1μm。与压下率为 50%时相比，夹杂物尺寸变小，数量有所减少，分布较弥散。

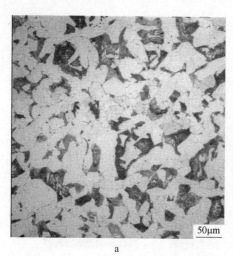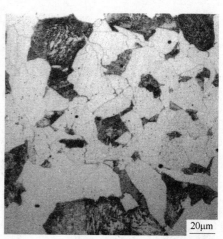

a   b

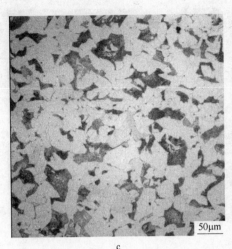

c d

图 2-74 60%压下率钢板复合界面的微观组织

a，c—从头部取样；b，d—从尾部取样

G 70%压下率连铸坯钢板复合界面的金相组织

图 2-75 为连铸坯压下率为 70%时钢板的金相照片。如图所示，在低倍数照片下已经看不到界面的存在，只有在放大到 500 倍时才能看到数量极少、尺寸非常细小的夹杂物。

a b

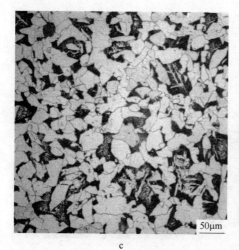

图 2-75 70%压下率钢板复合界面的微观组织

a，c—从头部取样；b，d—从尾部取样

2.4.2.3 总压下率对连铸坯复合钢板力学性能的影响

对此 7 组不同压下率钢板分别做 Z 向的拉伸试验，试验结果见表 2-13。从实验结果中可以看出，在 40%压下率之前，断裂方式都为脆断，且都断裂在界面位置，说明界面的塑性很差。结合金相组织分析得知，在这些试样中界面缺陷的尺寸较大，拉伸过程中，它们阻碍了位错的滑移，导致在界面夹杂物处出现了位错塞积，从而导致裂纹的产生，致使拉伸过程中从界面处突然断裂。当压下率为不小于 50%时，断裂方式由脆断变为了韧断，韧性开始变好。结合金相组织中分析可以得知，界面夹杂物随着压下率的增大而减小，

表 2-13 7 组不同压下率钢板 Z 向拉伸试验结果

压下率/%	抗拉强度/MPa	伸长率/%	断面收缩率/%	断裂方式	断裂位置
10	536	27	29.4	脆断	界面
20	535	31	43.8	脆断	界面
30	534	34.5	46.7	脆断	界面
40	542	38	51	脆断	界面
50	554	44.5	67.5	韧断	界面
60	549	39	55.1	韧断	基体
70	564	48.7	56.4	韧断	基体

数量也有所减少。因此压下率为不小于50%时，试样拉伸过程中，当位错滑移到夹杂物处时，夹杂物的尺寸不足以阻碍位错的滑移，位错可以轻松绕过夹杂物，试样最终颈缩韧断。因此当压下率不小于50%时，夹杂缺陷对复合钢板的力学性能已经影响不大。

另外，从不同压下率时的拉伸应力-伸长率曲线（图2-76）、断面收缩率、伸长率以及抗拉强度的比较（图2-77）可以看出，随着压下率的增大，伸长率和断面收缩率是在不断增加的，而韧断时的抗拉强度要比脆断时有所增大。这说明随着压下率的增大，复合界面的塑性越来越好。50%压下率时韧性特别好，可能与取样有关。

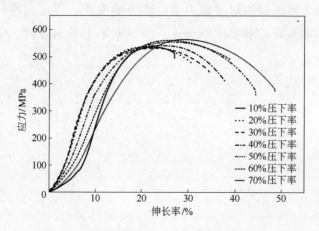

图2-76　7组不同压下率钢板Z向拉伸应力-伸长率曲线

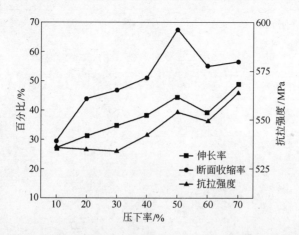

图2-77　7组不同压下率钢板的抗拉强度、伸长率、断面收缩率分布曲线

2.4.3 结论

（1）从轧制道次和道次压下率对轧制等厚度连铸坯得到的复合板组织性能影响研究中发现，轧制道次的增加即道次压下率的降低尤其是首道次压下率的降低，导致了复合界面夹杂物的逐渐出现，但是对力学性能的影响不是很大。

（2）随着压下率的增加，以连铸坯为原料的特厚钢板界面处的缺陷尺寸都越来越小，数量也有所减少，界面缺陷的形态由最初的长条状逐渐变为尺寸较小的颗粒状。压下率较小时界面的塑性很差，强度较低，界面脆断。随着压下率增大，界面缺陷对界面力学性能影响变小，界面韧性转好，抗拉强度、伸长率和断面收缩率都逐渐增大。压下率不小于50%时，钢板复合性能基本达到基材水平。

3 真空制坯复合轧制不锈钢
复合板的技术与工艺

不锈钢具有良好的耐蚀、耐高温、耐低温、耐磨损、外观精美等特性，用途非常广泛，是国民经济各部门发展的重要钢铁材料[83]。但由于不锈钢的生产工艺复杂，且不锈钢中添加了大量的 Cr、Ni 等元素提高了成本，使其价格远高于碳钢。不锈钢复合板将不锈钢与普通碳钢或低合金钢通过冶金结合复合在一起，极大地节省了不锈钢板材，1t 不锈钢可生产 5~10t 不锈钢复合板，成本仅为同重量纯不锈钢的 1/3。而且，不锈钢复合板可节约 70%~80% Cr、Ni 元素[8, 9]，这对我国这样 Cr、Ni 资源贫乏的国家来说具有重大的经济意义和社会效益。

真空热轧复合法制备的不锈钢复合板界面性能优良，是当今国际最常用的高性能大尺寸宽幅不锈钢复合板的生产方法[57, 58]。近年来，东北大学 RAL 实验室在真空热轧不锈钢复合板领域展开研究，目前采用此方法制备的不锈钢复合板性能非常优良，远高于国家标准及其他方法的产品性能，已达到日本生产的不锈钢复合板性能的同等水平，目前国内已有多家企业引进该技术，即将转变为实际生产力[64]。下文对真空制坯复合轧制不锈钢复合板技术进行了详细的论述。

3.1 表面处理方式对不锈钢/碳钢复合板界面夹杂物的影响

由于不锈钢机械加工性很差，采用机械加工方式对不锈钢表面进行表面处理难度较大，且合金元素损耗较大，因此不锈钢的表面处理与特厚复合钢板制备所用的表面处理方式完全不同，必须进行单独的实验研究。本实验采用电动钢刷打磨与酸洗两种不同方式对组坯前不锈钢、碳钢表面进行处理，通过对真空轧制复合后界面显微组织分析以及对钢板表面高温氧化产物分析，研究了不同的表面处理方式下不锈钢/碳钢复合板界面复合效果及影响机理。

3.1.1　不同表面处理方式的不锈钢表面微观组织分析

3.1.1.1　电动钢刷打磨后不锈钢表面的微观组织分析

不锈钢表面经丙酮除油、直向电动钢刷打磨后，表面形貌的 SEM 图片如图 3-1 所示。图中箭头方向为钢刷打磨方向，可见，不锈钢表面沿着打磨方向呈长条鳞状。

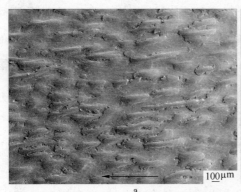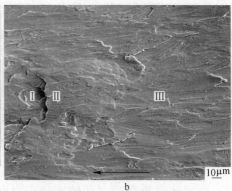

图 3-1　钢刷打磨后不锈钢表面形貌

图 3-1b 所示为图 3-1a 中一处鳞状区域，利用波谱分析检测图 3-1b 中 3 个不同位置点的成分，结果如表 3-1 所示。根据Ⅲ区域的成分，并结合表 3-1，可以很容易地知道，Ⅲ区域为 304 奥氏体不锈钢基体，Ⅰ、Ⅱ两区域均为含有一定数量的氧元素，因此Ⅰ、Ⅱ两区域均为不锈钢表面氧化层，但Ⅰ处氧含量明显高于Ⅱ处。结合不锈钢钝化膜结构特点[34]，氧含量随深度的增加逐渐减少，可以判断Ⅰ处为不锈钢原始表面的氧化层的最外层，即Ⅰ处未被打磨到，Ⅱ处为次外层。

表 3-1　打磨后各点成分（原子分数）　　　　　（%）

成　分	Ⅰ	Ⅱ	Ⅲ
O	11.75	5.90	—
Si	1.04	1.02	0.94
Cr	16.23	17.25	19.95
Mn	1.39	1.51	1.75
Fe	63.95	67.99	70.85
Ni	5.64	6.33	6.51

　　进一步地，对打磨后不锈钢横截面进行观察，如图3-2所示，发现不锈钢基体（Ⅱ）上覆盖有片状物（Ⅰ），对位置点Ⅰ、Ⅱ进行波谱分析，结果如表3-2所示，结合表3-1中各点成分，可知Ⅰ、Ⅱ两处均为不锈钢表面氧化层，即Cr_2O_3。可见，打磨过程中不锈钢表面氧化层在电动钢刷的磨削力作用下被掀起，呈片状重新覆盖于不锈钢表层。这是因为原始不锈钢板坯表面粗糙度比较大，热轧后不锈钢表面存在一定数量的麻点[36]，加之不锈钢本身良好的塑性、韧性，使得不锈钢在经过直向电动钢刷的打磨后，表面凸起、氧化层等不能被彻底磨削去除掉，而是沿打磨方向平铺于不锈钢表面。

　　Ⅰ、Ⅱ间存在的缝隙，使得后续的真空焊接时不锈钢/碳钢间隙中的空气难以被彻底抽净，Ⅰ、Ⅱ间缝隙就成为了氧的富集区域，不锈钢表面打磨后的这种结构特点决定了在不锈钢表面氧的吸附量的增加。

图3-2　钢刷打磨后不锈钢横截面形貌

表3-2　打磨后Ⅰ、Ⅱ点成分（原子分数）　　　　　　　（%）

成　分	Ⅰ	Ⅱ
O	12.68	12.23
Si	0.98	1.09
Cr	10.40	14.29
Mn	1.29	1.25
Fe	70.61	65.41
Ni	4.05	5.32

3.1.1.2　酸洗后不锈钢表面的微观组织分析

304奥氏体不锈钢经表面除油后，放入酸洗液中进行酸洗，酸洗过程中为了快速去除氧化层，用钢刷手工打磨不锈钢表面，直至不锈钢板坯露出有金属光泽的表面。其表面 SEM 图片如图 3-3 所示。

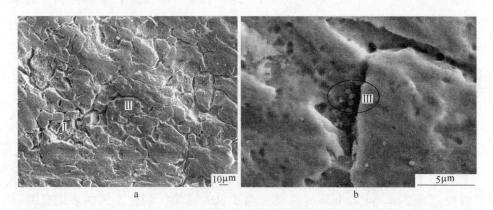

图 3-3　酸洗后不锈钢表面形貌

对酸洗后不锈钢表面（图 3-3a）中不同位置点 Ⅰ、Ⅱ 进行波谱分析，其成分如表 3-3 所示。可见，各处均为不锈钢基体成分，酸洗过程中氧化层在酸洗液的作用下已经全部去除。表面的沟壑是被腐蚀的晶界，由于晶界处的位错、夹杂等缺陷多，能量高，容易被酸洗液腐蚀呈沟壑。与此同时，304 奥氏体不锈钢含有少量的 C，它与 Cr 会生成碳化物 $Cr_{23}C_6$，高温时碳化物溶解于 γ 相中，且温度越高碳化物溶解得越多[37]，进而形成过饱和固溶体，由于过饱和固溶体的不稳定性，当温度缓慢冷却时，碳化物为了自身平衡会从固溶体中析出。碳化物的析出通常是在晶界处优先发生的，这就导致了晶界处 Cr 含量的降低，Cr 的贫化使得晶界处耐腐蚀性能大打折扣。图 3-3b 为沟壑处的局部放大图片，在沟壑底部发现了颗粒状夹杂物，利用波谱对其成分进行检测，如表 3-3 中 Ⅲ 所示，颗粒状物质为碳化物 $Cr_{23}C_6$。

表 3-3　酸洗后各点成分（原子分数）　　　　　（%）

成　　分	Ⅰ	Ⅱ	Ⅲ
C	—	—	17. 38
Si	0. 91	1. 12	0. 80
Cr	20. 80	20. 92	26. 34
Mn	1. 46	1. 66	1. 43
Fe	69. 86	69. 74	47. 51
Ni	6. 97	6. 57	4. 45

3.1.2 不同表面处理方式板坯表面高温氧化产物分析

3.1.2.1 电动钢刷打磨后坯料表面高温氧化产物分析

不锈钢、碳钢表面经电动钢刷打磨，组坯，高真空（真空度 $10^{-2}Pa$）下焊接后，置于加热炉内进行高温氧化实验。

高温氧化后的不锈钢表面如图 3-4 所示，宏观上，电动钢刷打磨形成的鳞状凸起已经基本消失，但表面仍不平坦，有少量的波浪状凸起存在，如图 3-4a 所示，这是因为在加热保温过程中，不锈钢进行了充分的相变、再结晶，使得一些比较大的表面缺陷（沟壑、孔洞等）变小，但由于时间短，不能够完全消失。同时，在相变过程中的原始相和形成相的相比容、线膨胀系数不同，造成在表面上形成浮凸或凹沟，使得晶界突出、清晰。

与此同时，在不锈钢表面没有连续的氧化层出现，只在凹陷处集中有大量的氧化物，如图 3-4a 中标记处所示，氧化物主要为圆形，生长在基体内部，如图 3-4b 所示。

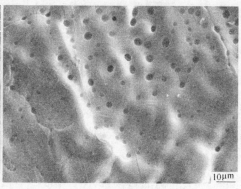

图 3-4 高温氧化后不锈钢表面形貌

图 3-5 为氧化物的 SEM 照片，分别对 Ⅰ、Ⅱ 两处氧化物进行波谱检测，其成分如表 3-4 所示。根据成分可以判断，圆形氧化物主要是由 Al_2O_3 以及 Si、Mn 氧化物构成的复合型氧化物。

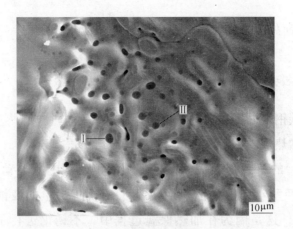

图 3-5　氧化物照片

表 3-4　打磨后 I、II 两点成分（原子分数）　　　　（%）

成　分	I	II
O	47.99	48.40
Al	5.19	4.80
Si	9.97	10.27
Cr	4.24	4.32
Mn	4.26	3.82
Fe	26.97	26.56
Ni	0.85	0.98

　　不锈钢表面凹陷处的氧气在抽真空过程中很难被彻底排除，因此在炼钢时向钢液中加入的 Si、Al 等脱氧元素会在高温下与残余氧气发生反应。金属在发生氧化时，该金属氧化物的标准生成自由能（$\Delta G^{\ominus}$）标志该金属与氧之间的亲和力大小，其值越负表明其氧化物的稳定性越高，而该金属越容易被氧化。在温度为 1200℃ 时，Al_2O_3 的标准自由能要比 SiO_2 的标准自由能小，同时 SiO_2 的标准自由能小于 MnO 的标准自由能，MnO 的标准自由能小于 FeO 和 Fe_3O_4 的标准自由能，这说明在温度为 1200℃ 时，Al、Si、Mn、Fe 与氧的亲和力依次降低，当合金中同时存在 Al、Si、Mn 和 Fe 时，Al 会被优先选择性氧化，其次是 Si、Mn，最后是 Fe，具体氧化机理将在第 4.1 节中研究。氧化进行过程中，氧优先与 Al 反应生成 Al_2O_3，与此同时附近的 Al 会由于浓度梯度的差别向表面处扩散，凹陷处的氧含量较高，远处的 Al 还未扩散到界面

处参加反应，表面附近的 Al 已被消耗完毕，继而与 Si、Mn 反应。但氧含量是有限的，最终形成以 Al、Si、Mn 为主的氧化物。

在非凹陷处没有吸附于不锈钢表面的氧产生选择性氧化，形成以 Al、Si、Mn 为主的圆形氧化物，仍旧以基体成分存在。

图 3-6 为碳钢表面经高温氧化后的 SEM 照片，可以发现，碳钢表面平坦，晶界清楚，晶粒清晰可辨。其表面无明显氧化现象，只有极少量的氧化物存在，对氧化物进行波谱检测，根据其成分可以断定其为 Al 的氧化物，由选择性氧化生成的 Al_2O_3。表 3-5 为打磨后 I 点成分。

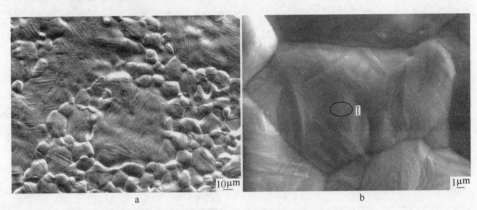

图 3-6 高温氧化后碳钢表面形貌

表 3-5 打磨后 I 点成分（原子分数）   （%）

成　分	I
O	20.46
Al	10.26
Si	0.58
Cr	7.10
Mn	2.20
Fe	58.68
Ni	0.72

对比不锈钢、碳钢表面的氧化物的数量、种类可以发现，氧化主要集中于不锈钢表面，碳钢表面只出现了极少 Al_2O_3 的氧化物。电动钢刷打磨后的不锈钢表面的特殊形貌是导致这一结果的主要原因，不锈钢/碳钢间隙中的绝大部分残余氧气吸附于图 3-2 中的层状结构中，在随后的高温氧化中不锈钢侧的氧化物数量明显多于碳钢侧。

3.1.2.2 酸洗后坯料表面高温氧化产物分析

图 3-7 为酸洗后不锈钢经高温氧化后表面的 SEM 照片，对比图 3-4 可以明显地看到，经酸洗处理的表面更加平坦，但酸洗后残余的凹陷并没有完全消失，仍能看到痕迹。在表面出现了极少量的断裂韧窝，说明在加热保温阶段不锈钢/碳钢已经出现了冶金结合，但其结合部分数量较少且面积很小，约为 $60 \times 70 \mu m^2$。与此同时，凹陷处聚集分布的氧化物消失，取而代之的是一些边缘圆润的孔洞，氧化物呈圆点状，多存在于晶界处，也有少量集中存在。

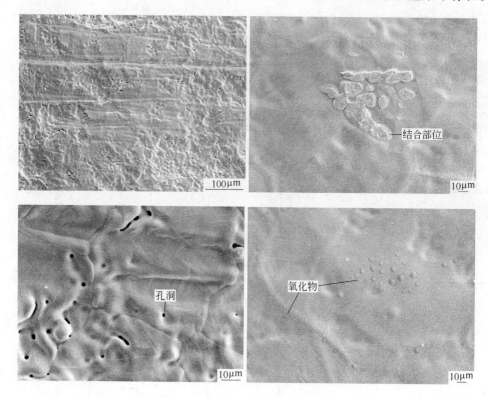

图 3-7　高温氧化后不锈钢形貌

图 3-8 为圆点状氧化物的 SEM 照片，中心部位比较疏松，外围呈环状比较致密，根据表 3-6 元素分布可知中心部位主要是 Ca、Mg、Al 的氧化物，而外围主要是 Si 的氧化物，形成该种氧化物主要有以下几个原因：

（1）不锈钢在冶炼过程中，脱氧反应会产生氧化物和硅酸盐等产物，若在钢液凝固前未浮出，将留在钢中；溶解在钢液中的氧、硫等杂质元素在降温和凝固时，由于溶解度的降低，与其他元素结合以化合物形式从液相或固溶体中析出，最后留在钢锭中，这些都会在不锈钢中形成夹杂物。SiO_2、Al_2O_3、MgO、CaO 等氧化夹杂物常以球形聚集呈颗粒状分布在钢中。

（2）酸洗后晶界沟壑处氧富集浓度较大，在加热保温时，由于选择性氧化，氧气优先与 Ca、Mg、Al 发生反应，Ca、Mg、Al 消耗殆尽后，剩余的氧与 Si 反应生成氧化物，最终形成了环状氧化物。

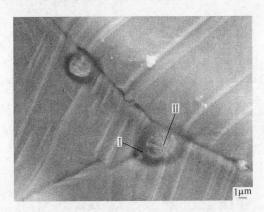

图 3-8 圆点状氧化物形貌

表 3-6 酸洗后 I 、II 点成分（原子分数）　　（%）

成　分	I	II
O	20.74	24.81
Mg	1.82	16.48
Al	3.23	6.39
Si	3.62	1.53
Ca	0.64	8.12
Mn	3.83	3.77
Fe	56.36	33.04

图 3-9 为碳钢侧酸洗后经高温氧化的 SEM 照片，碳钢表面主要有三种附着物：TiN、MnS 和 Al_2O_3，分别为 I 、II 、III 所示，成分见表 3-7。

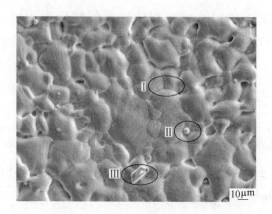

图 3-9 碳钢高温氧化照片

表 3-7 酸洗后各点成分（原子分数） （%）

成　　分	I	II	III
O	—	—	58.33
Al	—	—	41.67
N	27.05	—	—
Si	0.98	—	—
Ti	5.75	—	—
S	—	49.91	—
Mn	1.16	44.84	—
Fe	55.27	4.46	—

（1）晶界处生成 TiN。1200℃下，TiN 的标准生成自由能在各种金属氮化物中最低，为 -100kJ/mol，也就是说，Ti 对 N 的吸附能力最强。氮是空气的主要组成部分，体积分数达 78%，即使在真空度为 10^{-2}Pa 下，氮气分压也大于 10^{-3}Pa，这远远大于 TiN 在 1200℃ 的生成压 10^{-22}Pa。因此在 Ti 偏聚的晶界处生成大量的 TiN，但尺寸很小，在 0.05~0.2μm。

对比图 3-7 中 304 奥氏体不锈钢高温氧化后表面可以发现，不锈钢表面无 TiN、Cr_2N 等氮化物存在，这主要是因为 304 奥氏体不锈钢 Ti 含量很低，没有足够的 Ti 形成 TiN，与此同时，氮在 Fe-Cr-Ni 奥氏体中的溶解度很高，如图 3-10 所示，在 18Cr-9Ni 钢中（即试验用 304 奥氏体不锈钢），氮含量超过 0.25% 才会出现 Cr_2N，显然不锈钢/碳钢间隙中残留的氮量即使全部溶于不锈钢中也不足以生成 Cr_2N。

因此，不锈钢/碳钢间隙中残留的氮一部分与碳钢中的 Ti 结合生成了

TiN，另外一部分则溶于不锈钢基体中。

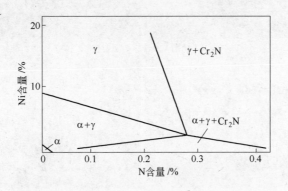

图 3-10　18Cr-Fe-Ni-N 系相平衡图（900℃）

（2）表面出现了球形、长条状的 MnS，尺寸在 5~10μm 不等。这主要是炼钢过程中为避免低熔点的 FeS 易形成热脆，所以一般均要求钢中要含有一定量的锰，使硫与锰形成熔点较高的 MnS 而消除 FeS 的危害。MnS 的熔点是 1610℃，在 1200℃时的标准生成自由能为 -350kJ/mol，比较稳定，因此经 1200℃保温后仍稳定存在。

（3）碳钢中 Al 的含量高于不锈钢，而 Si、Mn 的含量却低于不锈钢，根据选择性氧化的原理，吸附于碳钢表面的氧全部被 Al 吸收生成 Al_2O_3。

3.1.3　不同表面处理方式的复合板界面夹杂物显微组织分析

3.1.3.1　电动钢刷打磨后复合板界面夹杂物显微组织分析

不锈钢、碳钢表面用直向电动钢刷打磨，经组坯真空焊接、热轧复合后，复合界面处金相照片与 SEM 照片如图 3-11 所示。从金相照片中可以发现，不锈钢/碳钢复合界面规则且平直，显微组织中没有出现未焊合的区域、无大尺寸缺陷，可见不锈钢与碳钢已实现了冶金结合。但在不锈钢与碳钢界面处存在明显的不连续夹杂物，夹杂物主要有两种形态：一种呈颗粒状分布，如图 3-11a、c、e 所示，粒状夹杂分布不连续，零星散落在界面上，颗粒尺寸在 1~3μm；另一种呈密聚状，如图 3-11b、d、f 所示，由颗粒状夹杂和棒状夹杂密聚在一起构成，沿界面方向呈带状分布，尺寸在 30~70μm 不等，其中所包含的颗粒夹杂 1~3μm，棒状夹杂 4~7μm。

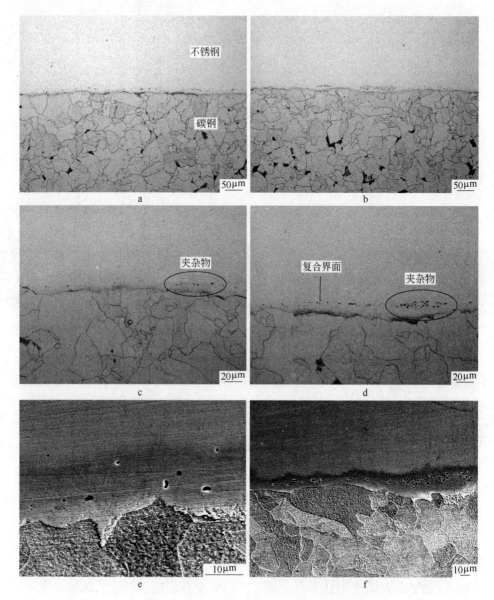

图 3-11 复合界面的微观组织

图 3-12 为界面处颗粒状夹杂物的面扫描照片，可见，界面处颗粒状夹杂物主要为 Si、Mn 的氧化物，还含有少量的 Al 的氧化物。对比 3.2.1 节中不锈钢表面高温氧化产物可以发现，此类夹杂即为高温氧化后基体

内的圆点状氧化物，在不锈钢、碳钢基体中 Al 的含量很少，选择性氧化过程中 Al 很快被消耗殆尽，造成 Al_2O_3 的量较少，而 Si、Mn 的含量就要相对较高，导致最终以 Si、Mn 氧化物为主。可见，经过轧制并没有改变此类氧化物的种类。

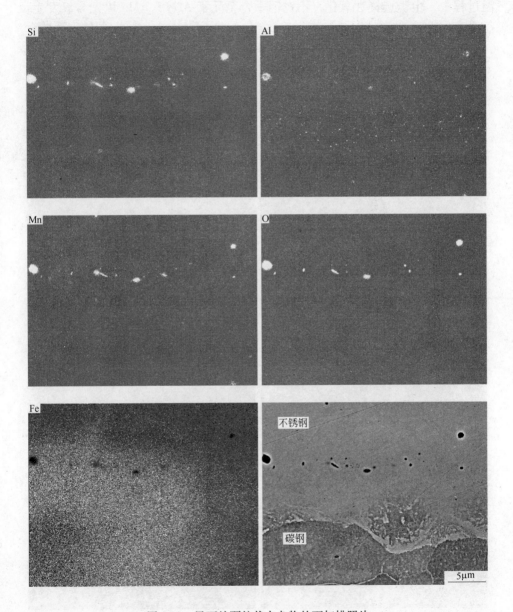

图 3-12 界面处颗粒状夹杂物的面扫描照片

图 3-13 为界面处聚集状夹杂物的面扫描照片，根据元素分布情况可以把夹杂物分成两类：一类为由 Al、Si、Mn 的氧化物组成的复合型氧化物；另一类为 $MnCr_2O_4$ 尖晶石氧化物。

根据图 3-2 已经知道，间隙处是抽真空后残余氧富集的位置，在加热保温过程中，由于选择性氧化，不锈钢中合金元素 Al、Si、Mn 优先与氧发生反应生成相应氧化物，最终形成图 3-13 所示的复合型氧化物。

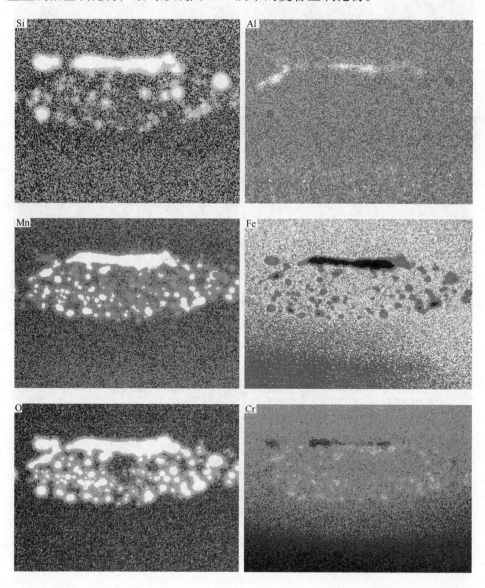

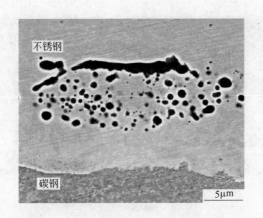

图 3-13 界面处聚集状夹杂物的面扫描照片

Mn 是 304 奥氏体不锈钢中除 Fe、Cr、Ni 之外最多的金属元素，在碳钢 Q345 中 Mn 的含量也很高，达到了 1.5% 左右。在加热保温过程中，选择性氧化使得氧化物附近的 Al、Si、Mn 浓度大幅下降，但 Al、Si 在不锈钢中的含量远低于 Mn 含量，因此 Mn 的贫化可以很快得到改善，Mn 与氧继续反应直到将全部氧气消耗掉为止，这就生成了较多的 MnO。与此同时，未被彻底去除的不锈钢表层，即 Cr_2O_3 大量存在于图 3-2 所示间隙处，MnO 与 Cr_2O_3 反应生成 $MnCr_2O_4$ 尖晶石氧化物[52]。图 3-14 为表面钢刷打磨后的 304 奥氏体不锈钢经高温氧化后横截面元素面扫描结果，可以明显看到高温氧化后不锈钢表层中出现了大量的 $MnCr_2O_4$ 尖晶石氧化物，而且经过轧制后并未消失，成为复合界面处的聚集状夹杂物。

3.1.3.2 酸洗后复合板界面夹杂物显微组织分析

不锈钢、碳钢表面酸洗，经组坯真空焊接、热轧复合后，复合界面处金相照片如图 3-15 所示，从金相照片中可以发现，不锈钢/碳钢复合界面规则且平直，显微组织中没有出现未焊合的区域，无明显缺陷，可见不锈钢与碳钢已实现了冶金结合。不锈钢/碳钢界面上夹杂物很少，只在个别区域出现颗粒状或条状夹杂，颗粒状夹杂物尺寸在 3~5μm，条状夹杂物尺寸为 10~15μm。

对界面处夹杂物进行波谱检测，图 3-16 为不同夹杂物照片，各点成分在表 3-8 中列出，可以把夹杂物归结为以下几个类别：

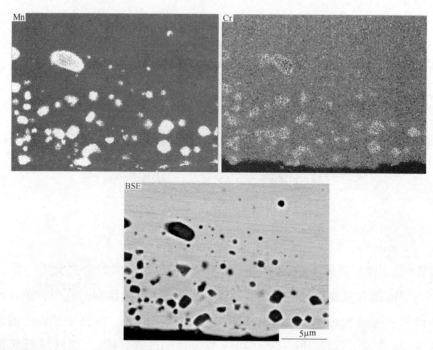

图 3-14 打磨后 304 奥氏体不锈钢高温氧化后横截面元素面扫描结果

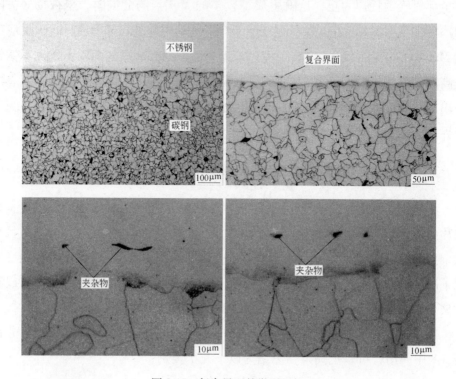

图 3-15 复合界面的微观组织

（1）MnS 夹杂，如图 3-16a 中 I 处，此类夹杂物源于加热保温过程中碳钢表面析出的 MnS，其熔点高，且热力学较稳定，经过轧制过程后仍以夹杂物的形式存在，但在轧制力的作用下尺寸较未轧制前明显减小，尺寸为 $3\mu m$ 左右。

（2）Al_2O_3 夹杂物，如图 3-16b 中 II 处，此类夹杂物主要源于加热保温过程中氧在碳钢表面选择性氧化形成的 Al_2O_3，也有一部分源于碳钢侧的内氧化，将在第 4 章中具体阐述。Al_2O_3 在 1200℃ 的标准生成自由能很低，为 $-810kJ/mol$，热力学稳定，一旦生成后，很难消失。

（3）Ca、Mg、Al 的氧化物与 Si 氧化物的混合物，如图 3-16c 中 III 处，此类夹杂物主要来源于 304 奥氏体不锈钢在高温氧化过程中表面出现的圆点状氧化物。

（4）第四类夹杂物为以上某两种或三种夹杂物的混合物，如图 3-16d 中 IV 处，为一、三类夹杂物的混合物，这很容易理解，上述的三类夹杂物全部源于高温氧化后的不锈钢或碳钢表面，若在不锈钢表面存在第三类夹杂物，同时它的对侧碳钢表面的相同位置存在第一类夹杂物，那么在轧制时金属表面发生物理接触直至形成冶金结合，两类不同的夹杂发生混合是难免的。

图 3-17 为一处混合型夹杂物的扫描图片，可以发现这是一处硫化物与氧化物的混合夹杂物。硫化物主要由 MnS、CaS 组成[38,39]，这都是钢基体中的典型含硫夹杂；氧化物主要由 Al、Ca、Si、Mg 的氧化物构成。

（5）最后一类为孔洞，如图 3-16e 中 V 处，根据成分可以判断该处为基体，无含氧、硫的夹杂物存在。以上某类夹杂物在试样制备过程中，由于砂纸、抛光布的摩擦作用，夹杂物从基体上脱落，继而形成孔洞。

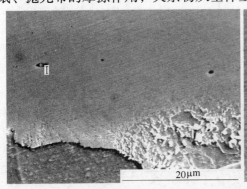

a   b

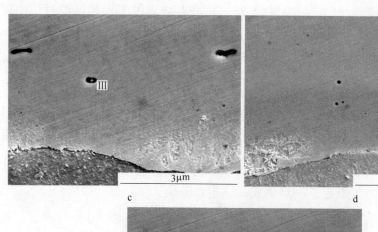

图 3-16　复合界面处夹杂物照片

表 3-8　酸洗后复合界面处各点成分（原子分数）　　　（%）

成　分	I	II	III	IV	V
O	—	18. 82	31. 23	21. 21	—
Al	—	10. 43	6. 01	1. 79	—
Si	0. 57	0. 74	7. 18	4. 06	0. 81
S	29. 07	—	—	17. 76	—
Ca	—	—	3. 45	1. 88	—
Cr	12. 07	8. 15	6. 63	7. 57	13. 45
Mn	27. 41	1. 49	3. 53	18. 75	1. 54
Fe	28. 70	58. 73	40. 52	24. 76	80. 33
Ni	2. 18	1. 64	0. 83	2. 21	3. 88

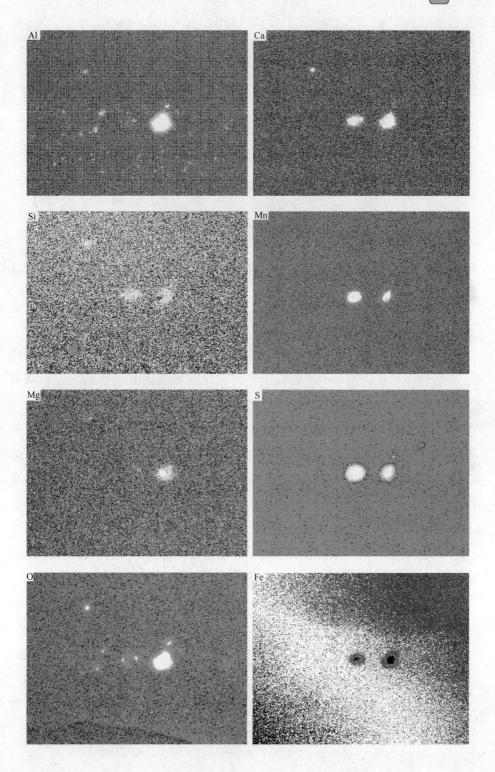

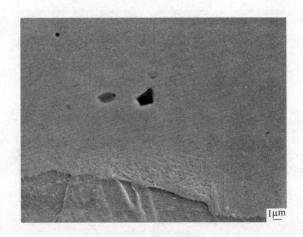

图 3-17 混合型夹杂物扫描照片

3.1.4 结论

本节对不锈钢/碳钢真空复合轧制中的不同表面处理工艺做了系统的研究，并通过金相显微镜、电子探针手段研究了坯料表面处理后的表面、高温氧化后表面产物以及热轧复合后界面的夹杂物。其主要结果如下：

（1）直向电动钢刷打磨使 304 奥氏体不锈钢表面氧化层形成鳞状覆盖于基体表面，而鳞状覆盖层与基体间的间隙是氧富集区域，在炉内 1200℃ 保温 2h，通过选择性氧化基体中大量形成以 Al、Si、Mn 为主的圆形氧化物，以及聚集状的 $MnCr_2O_4$ 尖晶石氧化物；碳钢表面只有少量 Al_2O_3 出现。热轧复合后不锈钢/碳钢界面夹杂物较多，且连续，还有呈聚集态分布，按其成分主要有两类：一类为由 Al、Si、Mn 的氧化物组成的复合型氧化物；另一类为 $MnCr_2O_4$ 的尖晶石氧化物。

（2）酸洗后 304 奥氏体不锈钢表面氧化层被彻底去除，晶界处由于贫 Cr 被腐蚀成沟壑，高温氧化后不锈钢表面由于选择性氧化形成了 Ca、Mg、Al、Si 的复合型氧化物，数量较少，多分布于晶界处，也有部分位于晶粒内部；碳钢表面由于选择性氧化附着有 Al_2O_3，同时有 MnS 析出，还出现了少量的、尺寸很小的 TiN（$0.05\sim0.2\mu m$）。热轧复合后不锈钢/碳钢界面夹杂物数量很少，零星点缀于界面处，按成分主要有三类：MnS 夹杂，Al_2O_3 夹杂，Ca、Mg、Al、Si 的复合型氧化物夹杂。

3.2 加热温度对复合界面的影响

对高真空焊接以后的复合板，采用随炉加热到950℃后保温90min、随炉加热到1050℃后保温90min和随炉加热到1200℃后保温90min三种加热工艺，统一采用三道次的轧制工艺，三道次分别压下30%、20%和25%，总压下率为58.1%，轧制速率为1m/s。由于加热温度对复合界面元素的扩散影响十分显著，因此以上选择的三个工艺的区别主要在加热温度，重点研究加热温度对复合效果的影响。

从宏观来看，焊接后焊缝成型良好，轧制后不锈钢的变形程度小于碳钢，所以板形为弧形，不锈钢在内侧。但复合效果良好，均未发生宏观开裂。

3.2.1 不同加热温度下复合界面的微观组织

图3-18为三种加热工艺下的界面微观组织金相照片，图3-18a、b为加热温度为950℃时复合界面的金相照片，图3-18c、d为加热温度为1050℃时复合界面的金相照片，图3-18e、f为加热温度为1200℃时复合界面的金相照片。

由图3-18可知，真空复合轧制下的复合界面平直，无未复合面。如图3-18f所示把真空轧制不锈钢复合板的复合界面分为三个区：Ⅰ区（复合层）、Ⅱ区（碳钢）和Ⅲ区（不锈钢）。碳钢和不锈钢间的复合层（Ⅰ区）为带状，靠近不锈钢侧弥散分布一些细小粒状。1200℃的复合层宽度最大，大约为6μm，界面干净，偶尔出现1~3μm连成条状的杂质和氧化物；加热温度为1050℃的复合层宽度大约为3μm，比加热温度1200℃的窄，复合界面有较多的细小的杂质和氧化物连成1~3μm的条状，加热温度为950℃的复合层宽度最小，为1~2μm，界面有较多数量的细小杂质和氧化物。

由于界面在高温下经历了很长时间，因此Ⅰ区形成与元素扩散相关。很明显，因为加热温度的不同，高温下物质扩散的程度是不一样的，所以三种微观组织的复合层Ⅰ区的宽度是不同的。远离界面碳钢（Ⅱ区）为典型热轧组织，即铁素体+珠光体；近复合层碳钢内珠光体明显减少，说明该区存在一定程度的脱碳。脱碳是由C迁移造成的，碳钢侧C浓度（0.2%）高于不锈钢侧（0.06%），二者间的C存在较大化学势，并且Si也能提高C的化学势，尽管Cr对C扩散有所抑制，但最终碳钢中C向不锈钢发生明显扩散。

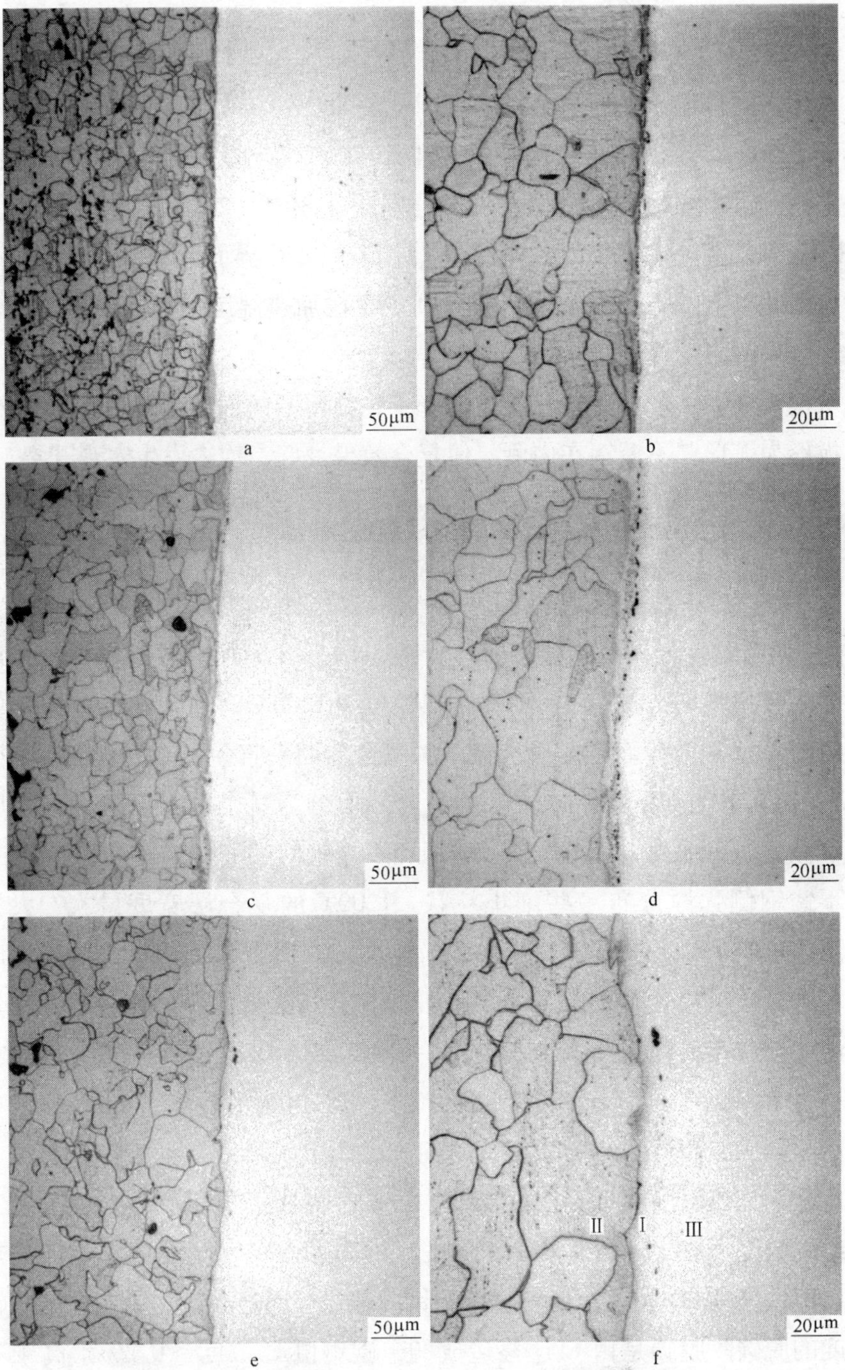

图 3-18 不同加热温度的复合界面金相照片

a，b—950℃；c，d—1050℃；e，f—1200℃

选取 1050℃ 和 1200℃ 做扫描和能谱，图 3-19 所示为加热温度为 1050℃ 和 1200℃ 时的复合界面的扫描电镜照片和能谱结果。通过电镜照片图 3-19a 和图 3-19d 可以更为清晰地看到，加热温度 1200℃ 的复合层宽度比 1050℃ 宽了大约 3μm。通过点能谱分析（见图 3-19b 和图 3-19e），发现其都含有 Si、Mn、

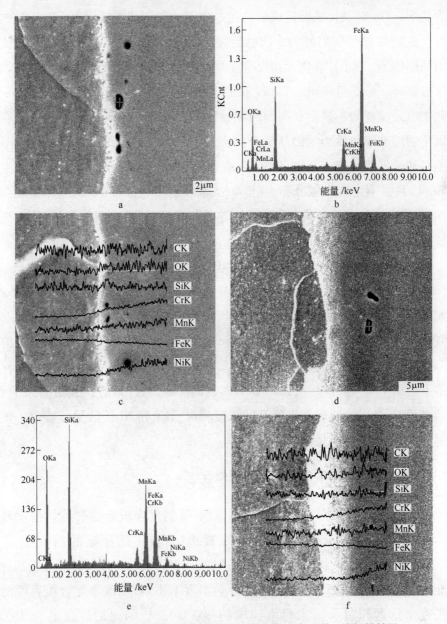

图 3-19 不同加热温度下复合界面的扫描电镜照片和点、线扫描结果

a，b，c—1050℃；d，e，f—1200℃

O、Fe、Cr、Ni、C 元素，其中 Si、Mn、O、Fe 含量较高。Fe 是钢中的固有元素，Cr 是从不锈钢侧扩散产生的，高比率的 Mn、Si、O 可能是夹杂物形成元素。

Masahiro[50]等人发现在含有 Si、Mn 的钢板表面易形成 Si-Mn 氧化物，并认为是 Si、Mn 对氧化敏感造成的。经过加工的碳钢和不锈钢表面有一定的粗糙度，少量 O 原子吸附其上。这些封在界面的 O 原子在长时间加热中优先与界面两侧的 Si、Mn 易氧化元素反应生成一薄层的 Si-Mn 氧化物。轧制后，氧化层被破碎，最终呈现出图 3-19a 和图 3-19d 所示的弥散分布状态，而 Si-Mn 氧化物所处位置为不锈钢和碳钢的原始界面。Peng[51]等人发现，轧制复合过程氧化物的破碎使界面两侧新鲜金属实现了牢固的冶金结合，越细小的氧化物越有利于界面结合。从图 3-19a 中看出该氧化物很细小，长约 1μm，宽约 0.5μm，且呈不连续弥散分布。陈靖[52]等人在热轧合金钢/碳钢界面发现宽约 5μm 的连续分布的条状黑色夹杂，这是氧化和扩散造成的。说明真空轧制法较好地抑制了复合界面氧化。

图 3-19c 和图 3-19f 是加热温度为 1050℃和 1200℃时复合界面的线扫描照片，对复合层的线扫成分分析发现，界面存在 C、O、Si、Cr、Mn、Fe、Ni，由元素在复合界面两侧的分布可看出 Si、Mn、O、C 变化不明显，而 Fe、Cr 和 Ni 变化较大。然而，由金相图 3-18c 和图 3-18e 可清楚发现脱碳，但能谱中 C 变化不明显，这是因为能谱对轻元素的灵敏度较低。图 3-19c 和图 3-19f 显示不锈钢中 Cr 和 Ni 越过原始界面向碳钢扩散，且 Cr 的扩散距离大于 Ni。这是由于 Cr 在界面两侧具有更高的浓度梯度。Cr 和 Ni 扩散导致碳钢一侧形成了富 Cr、Ni 层，即复合层（Ⅰ区）。

3.2.2 不同加热温度下复合界面的力学性能

图 3-20 所示为不同加热温度下不锈钢/碳钢复合板界面的剪切强度和伸长率的关系曲线。从图 3-20 中可以看出，950℃复合板的剪切强度为 371.0MPa，1050℃复合板的剪切强度达到了 409.5MPa，1200℃复合板的剪切强度最高，达到了 465.3MPa，不同加热温度下不锈钢/碳钢复合板界面的剪切强度都远远超过了国家标准要求的 200.0MPa，因此加热温度为 950℃、1050℃、1200℃的复合板都达到了国家标准要求，并且可以知道随着加热温

度的提高，复合界面剪切强度也随之提高。

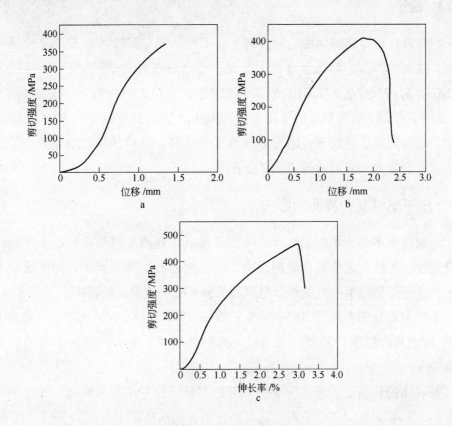

图 3-20　不同加热温度下的不锈钢/碳钢复合界面的剪切曲线

a—950℃；b—1050℃；c—1200℃

从剪切曲线来看，加热温度 950℃的复合界面到剪切强度最高点的时候断裂，没有塑性变形，说明其断裂方式为脆性断裂，塑性较差。加热温度 1050℃的复合界面达到最高点时有了较为明显的弧顶，说明其断裂方式为韧性断裂，塑性较好。加热温度 1200℃的复合界面达到最高点时弧顶比较小，推断其断裂方式可能为脆性加韧性断裂，塑性较好。

通过对金相图片的分析和对力学性能的测试，可以知道在相同的轧制规程下，不同的加热温度导致复合层的宽度发生变化，说明物质扩散的充分程度影响了界面的剪切强度。相同加热时间下，加热温度越高，物质的扩散越充分，其界面的剪切强度越高。

3.2.3 结论

在高真空焊接和相同的轧制规程下，不同的加热温度可以改变复合层的宽度，从而使界面的剪切强度发生变化。加热温度为950℃的复合层宽度为1~2μm，剪切强度为371.0MPa；1050℃复合层宽度大约为3μm，剪切强度为409.5MPa；1200℃的复合层宽度大约为6μm，剪切强度为465.3MPa。可以说明，在相同加热时间下，随着加热温度的升高，元素的扩散越充分，复合层的宽度会变大，界面的剪切强度会升高。

3.3 压下率对复合界面的影响

轧制压下率的大小影响复合界面杂质和氧化物的破碎程度和新生界面的结合程度，虽然在真空复合轧制法中，氧化物的产生明显减少，界面比较干净，但是还是会残留一定的氧，对界面的强度有一定程度的影响。

本组实验分别采用了20%、40%、60%、80%四个不同的轧制压下率对不锈钢/碳钢复合板进行轧制，采用统一的加热制度，随炉加热到1200℃，保温90min。

其具体的轧制工艺为：压下率20%的实验采用一道次来轧制，压下率为20%；压下率40%的实验采用二道次来轧制，道次压下率分别为20%、25%；压下率60%的实验采用三道次来轧制，道次压下率为30%、20%、25%；压下率80%的实验采用四道次来轧制，道次压下率为35%、30%、30%、30%。轧制速率均为1m/s。

3.3.1 不同轧制压下率下复合界面的微观组织

图3-21为不同压下率下复合界面的金相照片，图3-21a、b为轧制压下率为20%复合界面的金相照片，图3-21c、d为轧制压下率为40%复合界面的金相照片，图3-21e、f为轧制压下率为60%复合界面的金相照片，图3-21g、h为轧制压下率为80%复合界面的金相照片。

由图3-21可以看出，20%压下率复合界面的复合层宽度将近20μm，40%压下率复合界面的复合层宽度大约为15μm，60%压下率复合界面的复合层宽度大约为6μm，80%压下率复合界面的复合层宽度最小，大约为4μm。20%

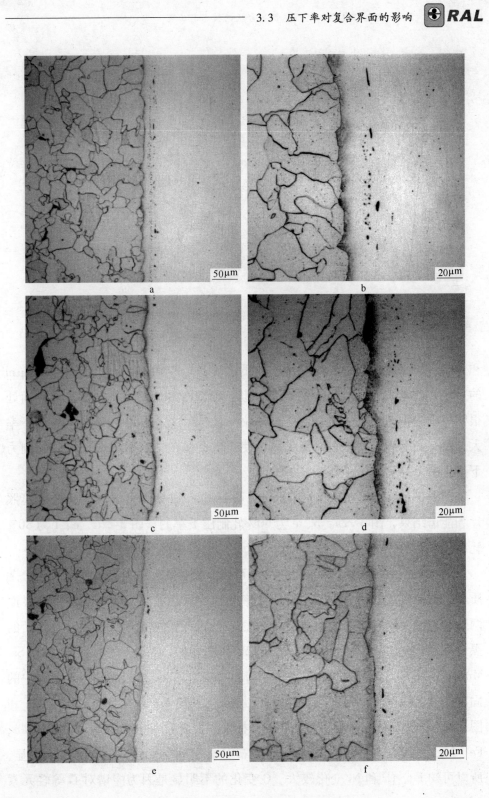

a

b

c

d

e

f

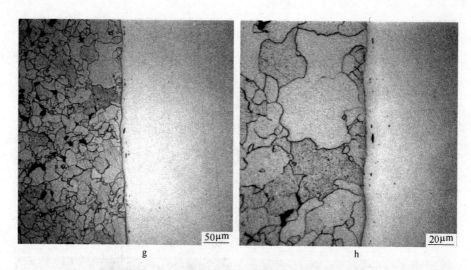

图 3-21 不同轧制压下率下复合界面的金相照片

a，b—20%；c，d—40%；e，f—60%；g，h—80%

和 40% 压下率复合界面的氧化物和杂质比较多，多聚集在一起呈现出 5~8μm 的条状，或者成为直径 2μm 左右的团状。而 60% 和 80% 压下率的复合界面处很明显干净很多，氧化层和杂质的颗粒小且少，这是因为 60% 和 80% 压下率大，更有利于破碎金属表面氧化膜，使新生金属在轧制期间在较大的轧制力下产生冶金结合。

图 3-22 为 60% 和 80% 轧制压下率下不锈钢/碳钢复合界面的扫描电镜照片和能谱结果，图 3-22a、b、c 为 60% 轧制压下率的，图 3-22d、e、f 为 80% 轧制压下率的。

通过电镜照片图 3-22a 和图 3-22d 可以看到，80% 压下率的复合界面上杂质和氧化物的尺寸明显小于 60% 压下率的，可以预见压下率 80% 的复合界面两边的新生金属有更好的冶金结合，复合界面有更好的力学性能。对界面的黑色颗粒进行点能谱分析，如图 3-22b 和图 3-22e 所示，发现主要含有 Si、Mn、O、Fe、Cr、Ni、C 元素，其中 Si、Mn、O、Fe 含量较高，Fe 是钢中的固有元素，所以高含量的 Si、Mn、O 是形成了 Si-Mn 氧化物。如图 3-22c 和图 3-22f 所示，对复合层的线扫成分分析发现，界面存在 C、O、Si、Cr、Mn、Fe、Ni，由元素在复合界面两侧的分布可看出 Si、Mn、O、C 变化不明显，所以可知 Fe、Cr 和 Ni 变化较大。C 变化的不明显是因为能谱对 C 等轻元素的灵敏度较低。同样，由于 Cr 比 Ni 在界面两侧存在更高的浓度梯度，不锈钢中 Cr 和 Ni 越过原始界面向碳钢扩散，且 Cr 的扩散距离高于 Ni，Cr 和 Ni 扩散导致碳钢一侧形成了约 5μm 宽的富 Cr、Ni 层。

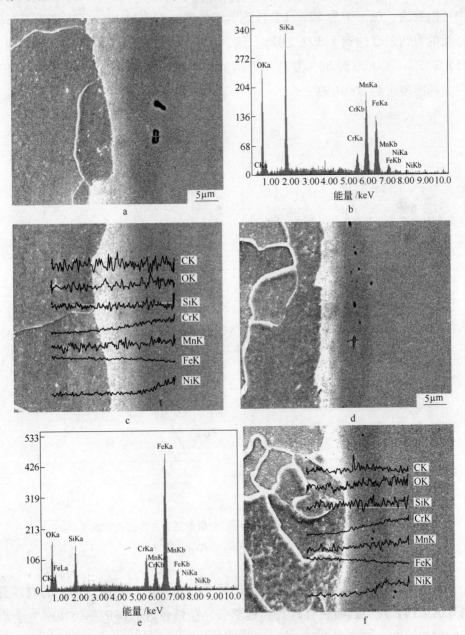

图 3-22 不同压下率下复合界面的扫描电镜照片和点、线扫描结果

a, b, c—60%压下率；d, e, f—80%压下率

3.3.2 不同轧制压下率下复合界面的力学性能

图 3-23 为不同轧制压下率下不锈钢/碳钢复合界面的剪切曲线。从该图中可以看出，压下率为 20%复合板的剪切强度为 439.1MPa，压下率为 40%复合板的剪切强度达到了 399.3MPa，压下率为 60%复合界面的剪切强度达到了 465.3MPa，压下率为 80%复合界面的剪切强度达到了 483.9MPa，均超过了国家标准要求的 200.0MPa。

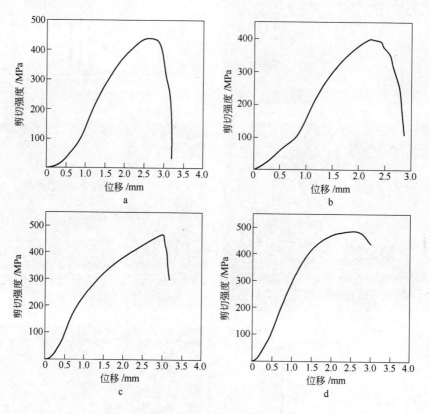

图 3-23　不同轧制压下率下不锈钢/碳钢复合界面的剪切曲线

a—20%；b—40%；c—60%；d—80%

从剪切曲线来看，压下率为 20%的复合界面到剪切强度最高点的时候有明显的弧顶，说明其断裂方式为韧性断裂，塑性较好。压下率为 40%复合界面的剪切强度达到最高点时有了较为明显的弧顶，说明其断裂方式为韧性断裂，塑性较好。压下率为 60%复合界面的剪切强度达到最高点时弧顶比较小，推断其断裂方式可能为脆性加韧性断裂。压下率为80%复合界面的剪切强度达到最高点时有了较为明显的弧顶，其断裂方式为韧性断裂，塑性较好。

因此可推断，60%压下率和80%压下率等大的压下率可以更好地破碎界面的氧化物和杂质元素，使其颗粒小、少并且弥散，使界面可以更好地接触，新生金属实现更牢固的冶金结合，更好地提高了不锈钢复合板的剪切性能。

3.3.3　结论

在同样的加热制度下，20%压下率复合界面的复合层宽度大约为20μm，剪切强度为439.1MPa；40%压下率复合界面的复合层宽度大约为15μm，剪切强度为399.3MPa；60%压下率复合界面的复合层宽度大约为6μm，剪切强度为465.3MPa；80%压下率复合界面的复合层宽度最小，大约为4μm，剪切强度为483.9MPa。说明随着压下率的增大，复合界面的宽度逐渐变小。压下率为60%和80%的界面比压下率20%和40%干净，杂质氧化物少。60%压下率和80%压下率等大的压下率可以更好地破碎界面的氧化物和杂质元素，使其颗粒小、少并且弥散，使界面可以更好地接触，更好地提高了不锈钢复合板的力学性能。

3.4　扩散退火对复合界面的影响

退火可以消除复合板在轧制过程中所产生的加工硬化，提高复合板的塑性和韧性，同时，在退火温度下也可以有效地促进金属之间的扩散，加强结合面的结合强度。本组实验对随炉加热温度为1200℃，保温90min，总压下率为80%，道次压下率为35%、30%、30%、30%，轧制速率为1m/s的不锈钢/碳钢复合板进行退火，并采用退火温度800℃、保温60min后炉冷，退火温度900℃、保温60min后炉冷两种退火工艺。

3.4.1　退火后复合界面的微观组织

图3-24所示为不同退火温度下不锈钢/碳钢界面的金相照片，其中图3-24a、b为800℃退火后的金相照片，图3-24c、d为900℃退火后的金相照片。由图3-24b和图3-24d可以看出，900℃和800℃的界面宽度大致相同，并且不锈钢靠界面一侧经腐蚀后可以看出不锈钢的晶界，这可能是由于退火过程中，

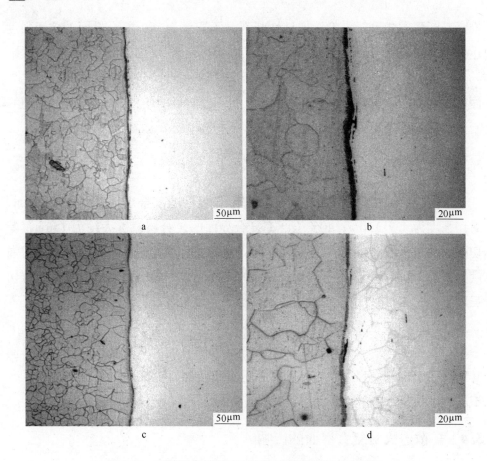

图 3-24   不同退火温度下不锈钢/碳钢界面的金相组织

a, b—800℃；c, d—900℃

碳钢侧的 C 往不锈钢侧扩散，从而使不锈钢近复合界面侧 C 含量增加。相比于未退火前的金相照片图 3-21g 和图 3-21h 可以看到，退火后界面的近碳钢侧出现了一层黑色扩散层，退火温度为 800℃时黑色扩散层宽度大约为 1~3μm，退火温度为 900℃时黑色扩散层宽度略小，大约为 1~2μm。这可能是由于碳钢侧 C 元素和不锈钢侧 Cr、Ni 元素不断扩散聚集，碳含量较高腐蚀后形成的。所以可以推断，在退火过程中，因为扩散，碳钢侧继续脱碳，C 在复合界面近碳钢处与 Cr、Ni 元素聚集，因为 Cr 对 C 的扩散有抑制作用，所以只有少量的 C 进入不锈钢侧腐蚀后形成不锈钢晶界，大部分的 C 聚集在界面近碳钢侧经腐蚀后形成黑色扩散层。由于在相同时间下，退火温度为 900℃比 800℃温度高，C 元素更容易扩散到不锈钢侧，所以退火温度为 900℃复合界面近碳钢侧的黑色扩散层比较浅，不锈钢侧的晶界也较为明显。

不同退火温度下复合界面附近的元素分布情况如图 3-25 所示，区别不大。

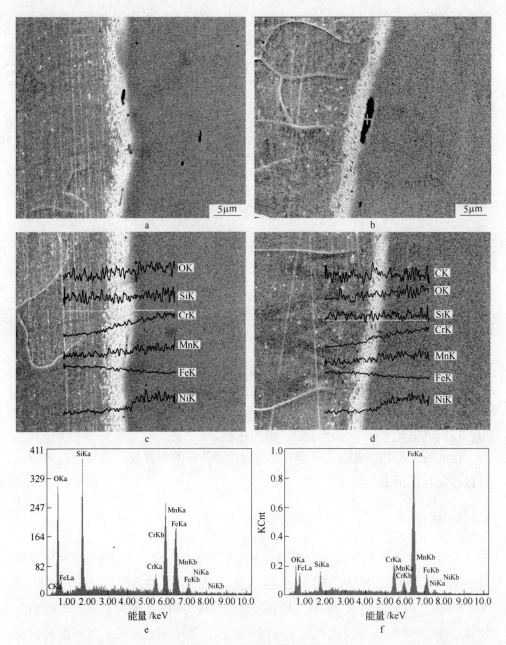

图 3-25 不同退火温度下复合界面的扫描电镜照片和点、线扫描结果

a, c, e—800℃; b, d, f—900℃

3.4.2 退火后复合界面的力学性能

图 3-26a 所示为退火温度为 800℃ 的不锈钢/碳钢复合板界面的剪切曲线，从该图中可以看出，该复合板的剪切强度为 503.4MPa；由图 3-26b 可知，退火温度为 900℃ 时复合板的剪切强度达到了 510.5MPa，经过退火的复合界面的剪切强度都超过了未退火前的 483.9MPa，说明退火工艺可以提高不锈钢/碳钢复合界面的剪切强度。

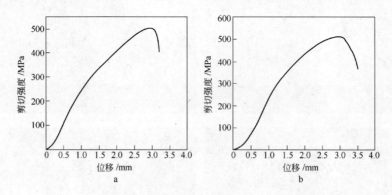

图 3-26　不同退火温度下不锈钢/碳钢复合板界面的剪切曲线

a—800℃；b—900℃

如图 3-26a 所示，退火温度为 800℃ 的复合界面到剪切强度最高点的时候断裂，有很明显的弧顶，说明其断裂方式为韧性断裂，塑性较好。由图 3-26b 来看，退火温度为 900℃ 的复合界面达到剪切强度最高点时有较为明显的弧顶，说明其断裂方式为韧性断裂，塑性较好。

由此可以看出，相比于未经退火的不锈钢/碳钢复合板，进行合适的退火可以提高界面的剪切强度。

3.4.3 结论

对加热温度为 1200℃、保温 60min、压下率为 80% 的不锈钢/碳钢复合板分别进行 800℃、900℃ 退火处理，退火温度为 800℃ 的剪切强度为 503.4MPa，退火温度为 900℃ 的剪切强度为 510.5MPa，都大于未退火时的剪切强度 483.9MPa。可以说明退火可以有效地促进金属之间的扩散，提高复合界面的剪切强度。

4 真空制坯复合轧制
钛钢复合板的技术与工艺

钛及钛合金具有很高的比强度和优良的耐蚀性，特别是在耐蚀性方面，在大部分腐蚀环境中都超过了不锈钢，因此被广泛应用于海上作业平台、压力容器和化工机械装置等领域[67]。然而，钛及钛合金价格较高，这严重影响了钛材在工业上的使用量。在此背景下，开发钛复合材料成为大家研究的焦点。钛/不锈钢复合板不仅具有钛的强耐蚀性，而且兼备不锈钢的强度，具有较高的经济价值和应用价值，在对耐蚀性和强度同时具有较高要求的领域，应用非常广泛[84]。

热轧复合法正逐渐取代爆炸复合法成为制备钛/不锈钢复合板的主要方法。然而，由于钛与不锈钢属于非同基材料，其热轧复合难度非常大。由于钛有很高的氧固溶度，一般在真空环境下，复合界面并不会出现如前两章所述的氧化夹杂物。但钛属于活泼金属，其与大部分金属元素都会生成脆性金属间化合物，而不锈钢属于铁合金，除 Fe 之外还含有大量的 Cr、Ni 等元素。当钛和不锈钢直接复合时，复合界面可能生成大量的 Ti-Fe 系、Ti-Cr 系和 Ti-Ni 系等多种脆性金属间化合物，从而恶化结合性能，甚至造成复合失败。尽量减少界面金属间化合物的种类和数量，可以从根本上缓解其对界面结合性能的恶化，因此热轧复合钛/不锈钢复合板的关键技术就在于界面金属间化合物的控制。采用大的压下率、控制轧制复合温度和利用中间层隔离技术是目前控制钛/不锈钢复合界面金属间化合物的主要方法。

针对上述问题，本章在采用高真空组坯、大压下率轧制的基础上，对不同轧制复合温度下直接轧制复合、加入 Ni 中间层及加入 Nb 中间层的真空热轧复合钛/不锈钢复合板进行了深入研究。通过界面形貌的观察、界面元素的扩散、界面金属间化合物的测定及强度测试等手段，研究了界面金属间化合物的生成规律及控制方法。

4.1 实验材料与工艺

4.1.1 实验材料

实验所用的材料为冷轧退火态 TA2 工业纯钛板材，厚度为 5mm；热轧态碳钢板 Q235，厚度为 30mm；热轧态 304 奥氏体不锈钢板材，厚度为 22mm；纯 Ni 箔，厚度为 120μm；纯 Nb 箔，厚度为 80μm。

4.1.2 实验方法

由于钛与不锈钢本身性质的巨大差异，导致热轧复合工艺与热轧碳钢复合板和不锈钢复合板完全不同。其制备过程大体分为以下几步：

（1）坯料准备。采用线切割从大尺寸钛板和不锈钢板上切取所需坯料待用。实验中所用到的 TA2 钛板的尺寸为 120mm×80mm×5mm，304 奥氏体不锈钢板的尺寸为 120mm×80mm×22mm，长边的侧封条钛板尺寸为 130mm×32mm×5mm，宽边的侧封条钛板尺寸为 80mm×32mm×5mm。Ni 箔和 Nb 箔的尺寸为：120mm×80mm。

（2）表面处理。在组坯焊接之前，需要对坯料进行表面处理。首先利用丙酮和酒精擦拭试样表面去除表面有机物及污垢，然后对钛板和不锈钢板分别进行酸洗，酸洗结束后，先用清水快速冲洗试样表面的酸液，再用酒精冲洗掉表面的水，最后用冷风吹干。钛板和不锈钢板所用的酸洗液配方相同，1L 酸洗液所含成分为：5mL 氢氟酸，50~60mL 硝酸，350mL 盐酸，余量为水。Nb 夹层和 Ni 夹层的表面处理方法为先用丙酮和酒精擦拭表面，然后用1500 号金相砂纸对表面打磨，打磨完成后再用酒精冲洗干净并用冷风吹干。为避免酸洗后表面的再次氧化，酸洗结束后，所有坯料必须在 30min 内组坯结束并放入真空室抽取真空。

（3）组坯与焊接。本实验制备的钛/不锈钢复合板为双面包覆复合板。与特厚板和不锈钢复合板组坯方式不同，由于钛与钢直接焊接时会生成大量的脆性金属间化合物而导致焊接接头失效[85~87]，从而不能达到真空密封效果，因此采用了侧边封条的方式。不锈钢板上下两表面包覆钛板，四个侧面包覆钛板封条，这种组坯方式有效地避免了钛和不锈钢的直接焊接，能够达到焊接密封的要求。

组合坯利用焊接夹具夹紧后放入真空电子束真空室内，抽真空至 0.01Pa 后进行焊接密封。焊接在 THDW-15 真空电子束焊机内进行，焊接束流为 40mA，聚焦方式采用上聚焦 15mA，焊接速度为 400mm/min。

（4）加热与轧制。先将加热炉预热至设定温度后将密封好的坯料放入加热炉中进行加热，保温 30min。保温结束后利用热轧机进行轧制复合。轧制共进行四道次，总压下率为 83%，道次压下率分别为 30%、30%、40%、40%。轧后空冷至室温。

4.2 真空热轧复合法制备钛/碳钢复合板

4.2.1 不同加热温度下复合界面的微观组织

对真空焊接后的复合板，分别进行 850℃、900℃、950℃ 加热并保温 30min 三种加热工艺，统一采用四道次轧制规程，总压下率为 85%，各道次压下率分别为 30%、40%、40% 和 40%，轧制速率为 1m/s。由于加热对复合界面的元素扩散影响显著，因此以上三个工艺的主要区别为加热温度不同，重点研究加热温度对复合效果的影响。从宏观来看，轧制后复合效果良好，均未发生宏观开裂。

图 4-1 为 850℃ 加热温度时复合界面的金相照片，其中图 4-1a 和 c 为复合板头部试样的金相照片；图 4-1b 和 d 为复合板尾部试样的金相照片；图片中上方为 CS（碳钢），下方为 TA2（钛层），中间为 IMC 层（夹层），本章金相照片各层位置均与此相同。从图 4-1 中可以观察到钛与碳钢之间有一道明显的界面，复合界面平直，且无明显的间隙和裂纹。将钛钢复合板的复合界面分成三个区：Ⅰ区（复合层）、Ⅱ区（碳钢）、Ⅲ区（钛层）。钛和碳钢间的复合层（Ⅰ区）为带状。远离界面的碳钢（Ⅱ区）为典型的热轧组织，即铁素体+珠光体。由图 4-1 可见，近复合层碳钢内珠光体明显减少，出现一明显的脱碳层，宽度大约为 19μm，说明该区存在一定程度的脱碳。脱碳是由碳迁移造成的，碳钢侧 C 浓度应该高于钛侧，二者之间的 C 存在较大的化学势，

因此碳钢中 C 向钛侧发生明显扩散。

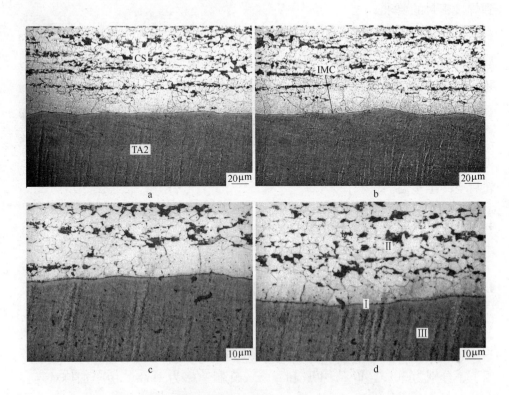

图 4-1　850℃轧制时的金相照片

(a、b 和 c、d 分别为 500 倍、1000 倍光学显微镜下头、尾部的金相照片)

　　图 4-2 为 900℃加热温度时复合界面的金相照片,从图中可以观察到复合界面平直,无明显间隙和裂纹。对比 850℃轧制时的金相组织,可以发现 900℃轧制时碳钢侧的晶粒组织变大,这是由于加热温度的升高而导致晶粒长大。近复合层有一明显脱碳层,宽度大约为 29μm。

　　图 4-3 为 950℃加热温度时复合界面的金相照片,复合界面无明显间隙、裂纹和孔洞。对比 850℃和 900℃加热温度时的金相照片,由于加热温度升高,导致晶粒长大,因此碳钢侧晶粒组织变大。复合层上方有一明显脱碳层,其宽度大约为 32μm。

　　由以上分析可知,950℃轧制时金相组织的脱碳层宽度最大,850℃的脱碳层宽度最小,并且 900℃和 950℃轧制时脱碳层组织呈立状。这是因为,随着加热温度的升高,脱碳层的深度不断增加。由于加热温度低于 1000℃,钢

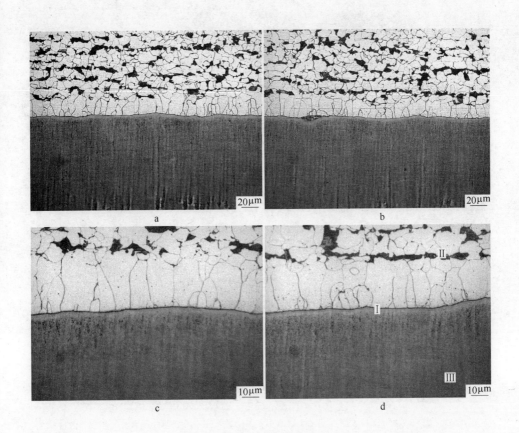

图 4-2　900℃轧制时的金相照片

（a、b 和 c、d 分别为 500 倍、1000 倍光学显微镜下头、尾部的金相照片）

表面氧化铁皮阻碍碳的扩散，脱碳比氧化慢，但随着温度升高，一方面氧化铁皮形成速度增加；另一方面氧化铁皮下碳的扩散速度也增加，此时氧化铁皮失去保护能力，达到某一温度后脱碳反而比氧化快。

由于界面在高温下经历了很长时间，因此 I 区形成与元素扩散有关。很明显，因为加热温度的不同，高温下物质的扩散程度是不一样的，所以三种工艺生产的复合板微观组织的复合层 I 区的宽度是不同的，随着加热温度的升高，元素的扩散越充分，复合层的宽度就越大。

对 850℃、900℃和 950℃轧制的复合界面做电子扫描，图 4-4、图 4-5 和图 4-6 所示分别为 850℃、900℃和 950℃轧制时复合界面的二次电子照片。从图 4-4 可以观察到，850℃复合界面平直且连续，没有发现未复合部分、裂纹或是孔洞。复合界面具有明显的三层结构：I 层为两种材料的直接接触层，

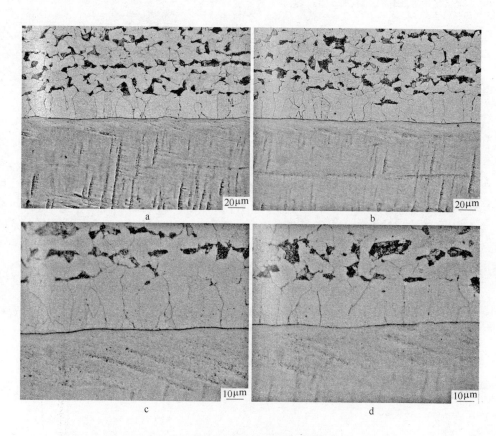

图 4-3 950℃轧制时的金相照片

（a、b 和 c、d 分别为 500 倍、1000 倍光学显微镜下头、尾部的金相照片）

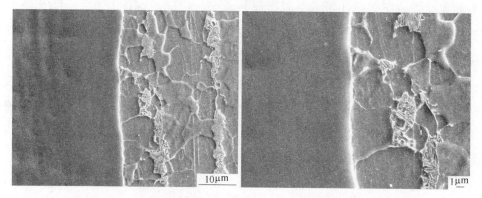

图 4-4 850℃轧制时的二次电子照片

Ⅱ层位于碳钢一侧，Ⅲ层位于钛侧。根据相关文献 [1、31] 可知，Fe、Ti、

图 4-5　900℃轧制时的二次电子照片

图 4-6　950℃轧制时的二次电子照片

C 三种元素之间会生成多种界面反应生成物，比如 TiC 、TiFe 和 TiFe$_2$ 以及含有富 Fe 元素的 β-Ti，这其中 TiC 和 TiFe 具有低韧性和高的脆性及硬度，β-Ti 具有良好的强韧性，是理想的界面生成物，因此 TiC 、TiFe 和 TiFe$_2$ 应该尽可能被避免。然而，在热轧复合过程中，必须维持长时间的热扩散，因此界面的 Ti、Fe 、C 之间的扩散无法避免。特别是当 TiFe 和 TiC 同时出现的时候，由于两种脆性相之间的界面结合十分脆弱，这会导致裂纹优先在此区域萌生和扩展，导致脆断以及力学性能的急剧降低，因此应严格避免 TiFe 和 TiC 二者共生。Ⅰ层为钛与碳钢接触产生的界面反应生成物，观察发现Ⅲ层与Ⅰ层之间的界限并不明显。由于整个轧制-冷却过程所用的时间较短，使得接触界面处金属间化合物生成量不多，Ⅰ层比较薄，而界面反应生成物的生成量少，对于提高界面结合强度是有益的。

图 4-7、图 4-8 和图 4-9 分别为 850℃、900℃ 和 950℃ 轧制时界面的线扫

描结果，由 850℃ 轧制时的线扫描结果可知，Ti 元素的扩散距离为 2.1μm，Fe 元素的扩散距离为 0.8μm。在 900℃ 和 950℃ 轧制时的线扫描结果中，Ti 元素的扩散距离没有变化，而 Fe 元素的扩散距离分别为 0.9μm、1.5μm。由此可知，Fe 元素的扩散距离随加热温度的升高而增大，而 Ti 元素的扩散距离没有明显的变化，显示出 Ti 元素在界面处扩散比较困难，在实验温度范围内，扩散速率随温度变化不大。

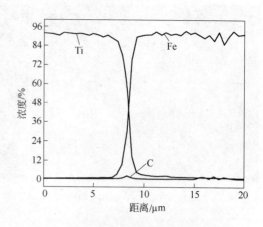

图 4-7 850℃ 轧制时界面的线扫描结果

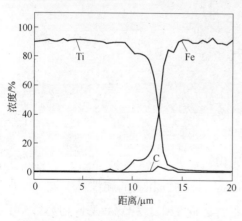

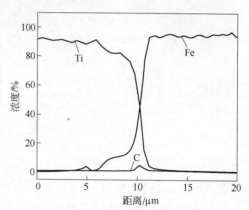

图 4-8 900℃ 轧制时界面的线扫描结果   图 4-9 950℃ 轧制时界面的线扫描结果

图 4-10 所示为 850℃ 轧制时的面扫描结果，可以发现 Ti 元素的扩散距离比 Fe 元素的扩散距离长。目前研究认为扩散机理主要存在间隙扩散、空位扩散和置换扩散三种方式，在多元系扩散中，元素原子的几何因素对元素扩散的影响很大，Ti 的原子半径为 0.147nm，Fe 的原子半径为 0.127nm，C 的原子半径为 0.070nm，较大的原子半径势必产生较大的晶格常数，使原子之间的间隙较大，所以 Ti、Fe、C 之间发生以间隙扩散和置换扩散为主的互扩散。Fe、C 的原子半径小，而 Ti 的原子半径较大，所以 Fe、C 向钛层中扩散的扩散系数相对 Ti 向碳钢中扩散大，而又由于 C 的原子半径相对 Fe 较小，所以 C

的扩散系数要相对大一些。根据以上分析，可以推断 C 向钛层中的扩散速率是其中最快的。

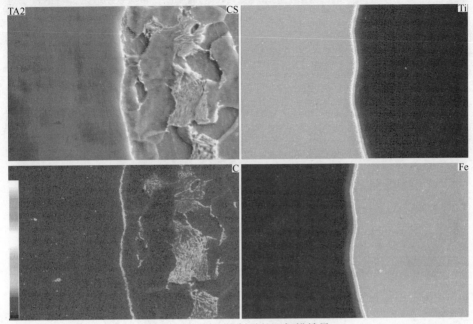

图 4-10 850℃轧制时的面扫描结果

图 4-11、图 4-12 分别为 900℃、950℃轧制时的面扫描结果。由图 4-10～图 4-12 对比可以发现，随加热温度的升高，Fe 元素的扩散距离随之增大，而 Ti 元素的扩散距离变化不大；并且从 900℃、950℃轧制时的面扫描结果可知，复合界面处富集 C 元素，发生扩散结合，事实证明，界面反应生成物含有大量的 TiC；由 C 元素分布面扫描照片可以证明，碳钢侧 C 浓度高于钛侧，二者之间的 C 存在较大的化学势，因此碳钢中 C 向钛侧发生明显扩散，脱碳层很明显。

图 4-13 为 850℃剪切断口 XRD 分析结果，在钛侧和碳钢侧都没有检测到金属间化合物的存在，只有少量的 TiC，进一步说明界面反应层为 TiC 层。

图 4-14 为 850℃界面能谱分析，从能谱分析中观察到，界面反应生成物含有 TiC，这是由 Ti 元素和 C 元素在复合界面扩散结合生成的。图 4-15、图 4-16 分别为 900℃加热温度时的剪切断口 XRD 分析结果和界面能谱分析，结果检测到 TiC 和 β-Ti 等化合物，TiC 是 Ti 元素和 C 元素扩散结合而成的，而 β-Ti 具有良好的强韧性，是理想的界面生成物。在钛侧和碳钢侧依然没有检

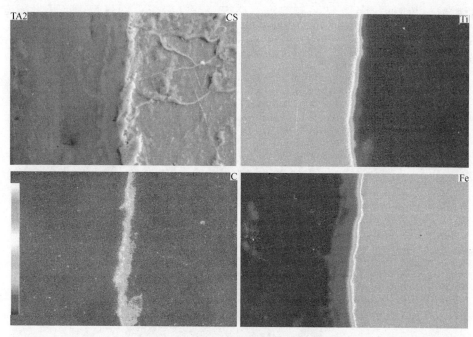

图 4-11 900℃轧制时的面扫描结果

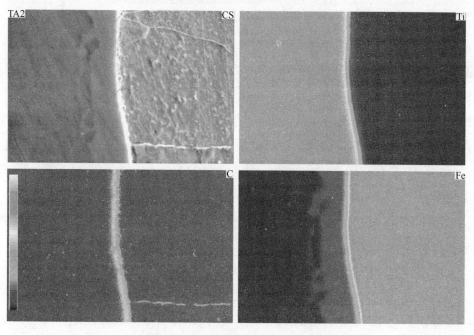

图 4-12 950℃轧制时的面扫描结果

测到金属间化合物的存在。

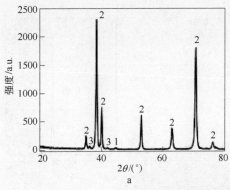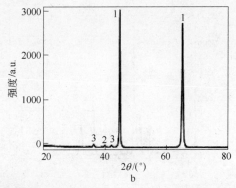

图 4-13　850℃剪切断口 XRD 分析结果

a—钛侧；b—碳钢侧

1—α-Fe；2—α-Ti；3—TiC

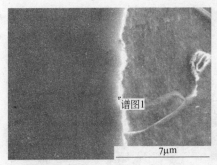

元素	质量分数 /%	原子分数 /%
CK	3.56	14.07
TiK	27.57	27.34
MnK	0.7	0.61
FeK	68.17	57.98
总量	100	100

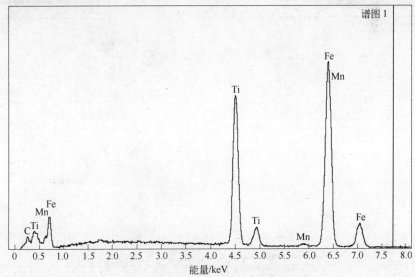

图 4-14　850℃界面能谱分析

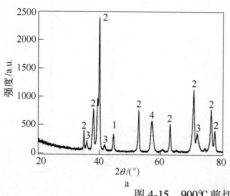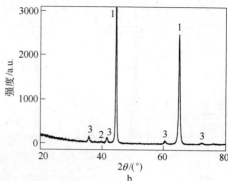

图 4-15 900℃剪切断口 XRD 分析结果

a—钛侧；b—碳钢侧

1—α-Fe；2—α-Ti；3—TiC；4—β-Ti

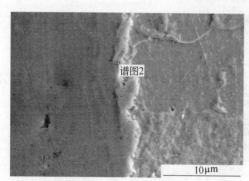

元素	质量分数 /%	原子分数 /%
CK	5.00	19.09
TiK	21.46	20.54
MnK	0.83	0.69
FeK	72.71	59.68
总量	100	100

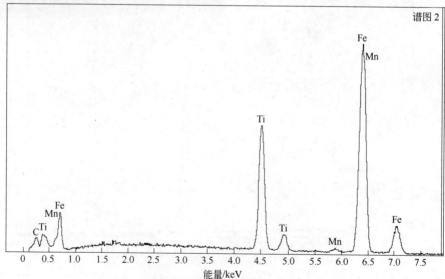

图 4-16 900℃界面能谱分析

图 4-17、图 4-18 分别为 950℃加热温度时剪切断口 XRD 分析结果和界面

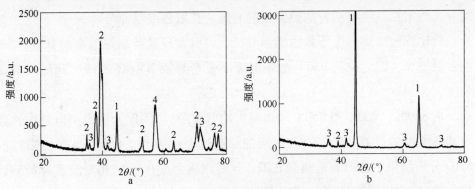

图 4-17　950℃剪切断口 XRD 分析结果

a—钛侧；b—碳钢侧

1—α-Fe；2—α-Ti；3—TiC；4—β-Ti

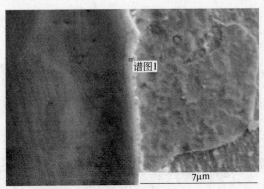

元素	质量分数 /%	原子分数 /%
CK	5.01	18.93
TiK	28.28	26.81
MnK	0.84	0.69
FeK	65.88	53.57
总量	100	100

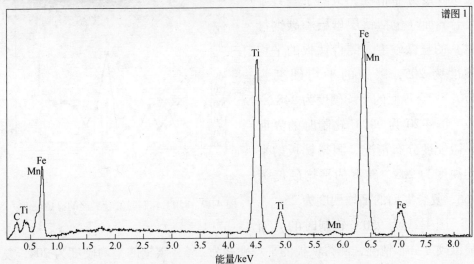

图 4-18　950℃界面能谱分析

能谱分析，结果检测到 TiC 和 β-Ti 等化合物，并且钛侧中 α-Fe 含量随着温度的升高而增加，说明随着加热温度的升高，扩散越来越充分。

对比三种加热温度下界面能谱分析，可以发现随着加热温度的升高，TiC 的含量增加，因此推测 950℃ 加热温度下复合界面具有高的硬度和低的剪切强度。

从 850℃、900℃ 和 950℃ 加热温度的剪切断口 XRD 分析也可以证明，随着加热温度的升高，TiC 的含量增加。通过对比发现，850℃ 时剪切断口的 XRD 分析结果中并没有检测到 β-Ti，这是因为生成 β-Ti 的相变温度为 873℃；另外通过二次电子照片中 β-Ti 层宽度和 XRD 分析中 β-Ti 峰值高度，也说明随着加热温度的升高，β-Ti 含量增大。XRD 分析结果中，在钛侧和碳钢侧都没有检测到金属间化合物的存在，查阅相关文献可知，TiO 能促进 TiFe 等金属间化合物的生成，但本次实验采用的是真空复合轧制法，氧气含量极低，因此 TiFe 等金属间化合物生成量很少。

4.2.2 不同加热温度下复合界面的力学性能

4.2.2.1 显微硬度测试

图 4-19 为 850℃ 轧制时的界面显微硬度分布情况，检测了垂直于复合界面（包括钛层母层和碳钢母材）的显微硬度，测得钛板的平均硬度为 205，碳钢的平均硬度为 170，复合界面的平均硬度为 248。

图 4-20 为 900℃ 轧制时的界面显微硬度分布情况，测得钛板的平均硬度为 208，碳钢的平均硬度为 166，复合界面的平均硬度为 254。

图 4-21 为 950℃ 轧制时的界面

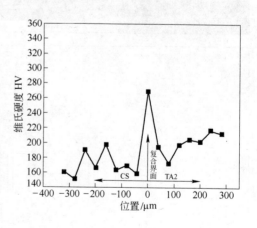

图 4-19 850℃ 轧制时复合界面的显微硬度

显微硬度分布情况，测得钛板的平均硬度为 236，碳钢的平均硬度为 204，复合界面的平均硬度为 368。

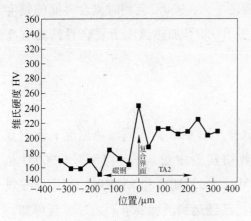

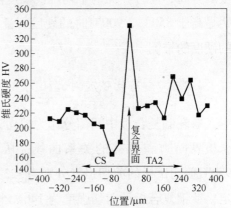

图 4-20 900℃轧制时复合界面的显微硬度　图 4-21 950℃轧制时复合界面的显微硬度

　　结果显示复合界面的硬度远大于两种母材的硬度，钛一侧的硬度明显高于碳钢一侧，界面附近的钛的硬度也高于钛基体，这是由于碳钢一侧中的碳原子在轧前加热和轧制过程中扩散，与 Ti 原子反应生成化合物 TiC，此化合物硬度较高，使界面处的钛一侧硬度升高。元素的互扩散导致界面处成分的改变和金属间化合物的生成导致了界面处硬度大幅提高，但是过高的硬度会降低界面处的综合力学性能，尤其是会严重恶化界面处的塑性，硬脆的界面在应力作用下极易产生裂纹并扩展，造成界面的结合强度较低。图 4-22 显示

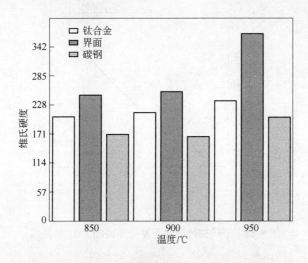

图 4-22 不同加热温度下平均硬度对比

了850℃、900℃和950℃时平均显微硬度对比情况。由图可知，随着加热温度的升高，复合界面的平均维氏硬度随之增大，950℃轧制时复合界面的硬度明显高于850℃、900℃时的硬度，证实了950℃加热温度下复合界面具有高的硬度的推测。

4.2.2.2 剪切强度测试

取轧制复合板中间部分作为剪切试样。图 4-23 为不同加热温度下钛钢复合板界面力和位移的关系曲线，从剪切实验中可以得到 850℃、900℃和950℃剪切试样的剪切强度分别为 323 MPa、337MPa 和 255MPa，国家标准规定，钛钢复合板的剪切强度为 140MPa，已经达到国标要求。通过实验可知，

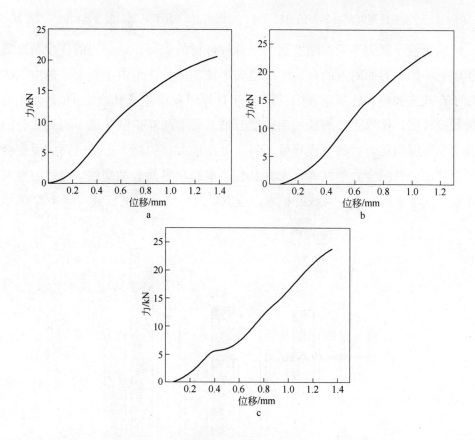

图4-23 不同加热温度下复合界面的力-位移曲线

a—850℃；b—900℃；c—950℃

影响轧制复合板剪切强度的因素有三：其一，高真空和界面氧化，高真空状态氧气含量极低，会减少碳氧化，从而促进界面反应生成物 TiC 的产生，降低剪切强度；界面氧化，主要是氧气进入待复合界面，发生氧化影响复合界面的结合性能，导致强度下降；其次，钛板的表面处理不够完全，少量的氧化膜影响界面结合性能。其二，界面反应生成物 TiFe 和 TiC 共存，由于两种脆性相之间的界面结合十分脆弱，这会导致裂纹优先在此区域萌生和扩展，导致剪切强度降低。其三，TiC 层厚度无法控制，由于 TiC 具有低韧性和高的脆性，所以应该避免 TiC 的生成，但是热轧复合必须维持长时间的热扩散，TiC 层厚度随之增大，导致剪切强度降低。

由不同加热温度下复合界面的力-位移曲线可知，曲线都是延伸至一定值后直接中断，可以看出剪切试样塑性很差，其断裂方式为典型的脆性断裂。

4.2.2.3 剪切断口分析

为了进一步了解其剪切性能，对剪切断口进行了扫描电镜的观察，图 4-24 为轧制复合钛钢复合板界面进行剪切试验断口的扫描电镜照片。从照片中可以看到断口呈现明显的解离状，证明是脆性断裂。原因是界面处生成了一些化合物，这些化合物为脆性化合物。当进行剪切强度测试使界面断裂时，这些化合物会与一侧界面撕裂而与另外一侧相连，呈现出粗糙、撕裂的痕迹。轧制复合的温度为 850℃ 时，剪切断口略显粗糙，但撕裂痕迹较少，这说明此温度下元素扩散仍不充分，界面上生成脆性化合物的部分很少。轧制复合的温度为 900℃ 时，断口明显比 850℃ 时粗糙，而且不仅有点状撕裂的痕迹，还具有条状和面状撕裂的痕迹，说明元素扩散程度有所加强，界面反应生成物的生成量增多。当轧制复合的温度为 950℃ 时，断口最为粗糙，具有大片明显的撕裂痕迹和脆性断裂的特征，显示出在此温度下元素的扩散很充分，界面上生成了较多的脆性化合物。

表 4-1 为断口上的 X 射线波谱（WDS）分析结果，波谱分析的范围具有一定的体积，并不代表表面上的元素分布，但是可用于分析元素扩散趋势。可以发现，随着加热温度的升高，碳钢侧 Ti、C 元素含量增加，Fe 含量降低；钛层一侧 Fe 元素含量增加，而 Ti 元素含量降低，说明 Fe、C、Ti 三种元素的扩散速率随着加热温度的升高而增加。图 4-14 中显示 850℃ 加热温度下

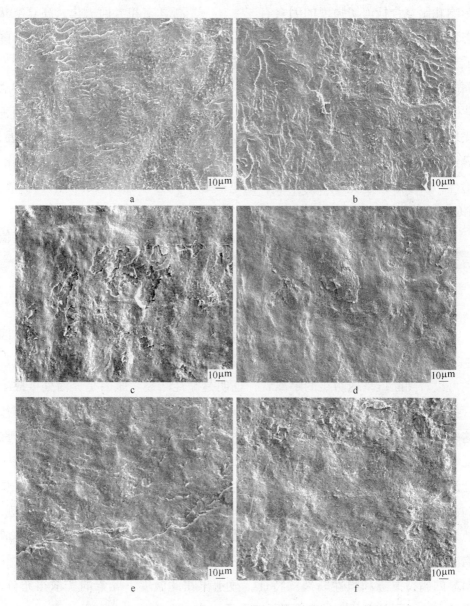

图 4-24 剪切断口照片

(a, c, e 为钛侧; b, d, f 为碳钢侧)

a, b—850℃剪切断口照片; c, d—900℃剪切断口照片; e, f—950℃剪切断口照片

剪切断口的 XRD 分析中并没有检测到 Fe-Ti 化合物, 是由于 Ti-Fe 共析温度点低, 冷却速度快, 高温时的 β-Ti 固溶体不发生相变而残留到室温, 从而生成了 β-Ti 层。

表 4-1　断口上的 WDS 分析结果

元素种类	轧制温度 850℃ 原子分数/%		轧制温度 900℃ 原子分数/%		轧制温度 950℃ 原子分数/%	
	碳钢侧	钛侧	碳钢侧	钛侧	碳钢侧	钛侧
FeK	74.89	0.83	60.51	2.15	51.97	15.50
TiK	4.16	99.17	15.82	97.85	20.54	84.50
CK	20.25	0	22.86	0	27.00	0
MnK	0.70	0	0.81	0	0.59	0

图 4-25 为 950℃ 断口能谱分析，其中图 4-25a 为钛侧断口能谱分析，图 4-25b、c 为碳钢侧断口能谱分析。由图 4-25a 能谱分析可知，断口面主要有 Ti、Fe 两种元素，Ti 是钛侧母材固有元素，而 Fe 元素可能是断裂时碳钢一侧部分母材撕裂留在了钛侧，被检测了出来；也可能是两种母材热轧复合时，Fe 元素扩散到钛侧。

图 4-25b、c 为碳钢一侧断口能谱分析。图 4-25b 是对褐色区域进行能谱分析，发现 Ti 元素原子分数高达 70.92%，Fe、C 元素原子分数却仅为 12.15% 和 16.93%，说明此区域不是碳钢基体组织，应该是钛侧组织，这是由于剪切试验中该区域不是从复合界面处断裂，而是从钛一侧断裂。图 4-25c 是对白色区域进行能谱分析，通过分析，说明该区域是碳钢基体组织，依然观察到有 Ti 元素存在，原子分数为 15.82%，这是热轧复合时扩散的结果。

4.2.2.4　弯曲性能测试

选取各加热温度中间部位线切割试样（尺寸为 80mm×15mm×6mm）做弯曲试验，图 4-26 为 850℃、900℃ 和 950℃ 轧制复合试样的弯曲试验结果，表明试样弯曲后界面及基体表面均无肉眼可见裂纹，显示出良好的弯曲性能，说明在三种加热温度轧制复合时，界面处脆性化合物的生成量都得到了很好的控制，界面具有一定的塑性，可以承受一定的不协调变形，并且钛层和碳钢层在经过热轧复合过程后，塑性变形能力尚可，具有较强的抵抗裂纹产生的能力。

4.2.3　结论

（1）通过对比分析得出，950℃ 加热温度下钛和碳钢真空热轧复合效果

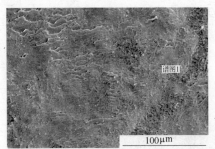
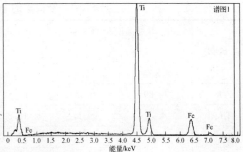

元素	质量分数 /%	原子分数 /%
TiK	79.57	81.95
FeK	20.43	18.05
总量	100	100

a

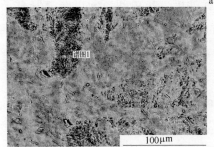
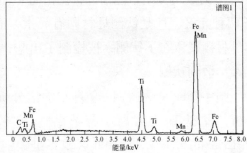

元素	质量分数 /%	原子分数 /%
CK	4.75	16.93
TiK	79.39	70.92
FeK	15.86	12.15
总量	100	100

b

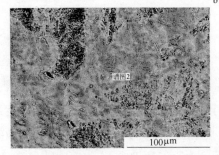
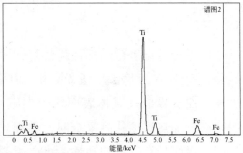

元素	质量分数 /%	原子分数 /%
CK	6.16	22.86
TiK	17.00	15.82
MnK	1.00	0.81
FeK	75.84	60.51
总量	100	100

c

图 4-25 950℃断口能谱分析

a—钛侧；b，c—碳钢一侧

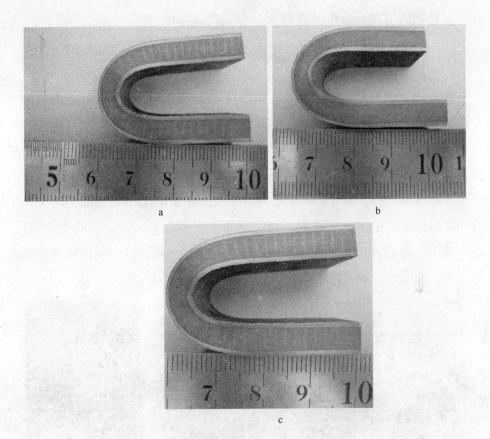

图 4-26 不同加热温度下弯曲性能测试

a—850℃；b—900℃；c—950℃

较差，试样复合板具有较高的维氏硬度和低的剪切强度，这是由于钛元素和碳元素在热轧复合过程中互相扩散形成大量的 TiC，而 TiC 具有低的韧性和高的脆性及硬度，导致复合界面硬度高、强度低。

（2）在 900℃时，界面结合强度达到最高，剪切强度大约为 337MPa，在其他加热温度轧制时，界面结合强度也均大幅高于国家标准，所以钛/钢轧制复合板具有良好的发展前景。

4.3 真空热轧复合法制备钛/不锈钢复合板

4.3.1 直接轧制复合

实验选取 800℃、850℃、900℃、950℃四种轧制复合温度，轧制速度为

1m/s，轧制四道次，总压下率85%。

4.3.1.1 复合界面的组织形貌

图4-27为800~950℃时钛与不锈钢直接轧制复合时的BSE照片，其中每个图的左侧为不锈钢层，右侧为钛层。结果显示，在以上所有温度下轧制复合时，界面复合的效果均较好，未发现未复合部分、裂纹或是孔洞。复合界面具有明显的三层结构：Ⅰ层位于钛侧，Ⅱ层为两种材料的直接接触层，Ⅲ层位于不锈钢一侧。经分析，Ⅰ层为β-Ti，β-Ti是由于不锈钢侧Fe、Cr、Ni等元素向钛侧扩散，从而降低了相变点而形成的。Ⅱ层为金属间化合物层，由于整个轧制-冷却过程所用的时间较短，所以接触界面处金属间化合物生成量不多，Ⅱ层比较薄。Ⅲ层是钛向不锈钢侧扩散的区域。

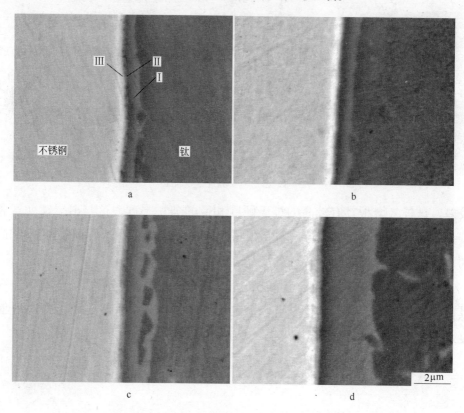

图4-27 不同轧制温度的BSE照片

a—800℃；b—850℃；c—900℃；d—950℃

4.3.1.2 力学性能测试

图 4-28 为剪切强度的测试结果，可以看出四个轧制复合温度下的界面结合强度普遍较低。在轧制复合温度为800℃时，界面结合强度达到最高，剪切强度约为 105MPa，根据国标 GB/T 8546，剪切强度的达标值为 140MPa，所以本实验中在所有温度下直接轧制复合得到的钛/不锈钢板的剪切强度均达不到国家标准。

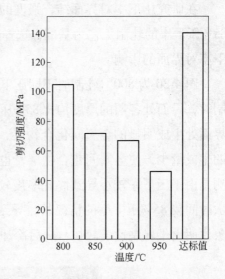

图 4-28 剪切强度

选取界面结合强度最高的试样即800℃轧制复合的试样做弯曲试验，图 4-29 为 800℃轧制复合试样的弯曲试验结果，表明无论内弯还是外弯，试样弯曲后界面及基体表面均无肉眼可见裂纹，显示出良好的弯曲性能，说明在 800℃直接轧制复合时，界面处脆性金属间化合物的生成量得到了很好的控制，界面具有一定的塑性，可以承受一定的不协调变形。并且钛层和不锈钢层在经过热轧复合过程后，塑性变形能力尚可，具有较强的抵抗裂纹产生的能力。

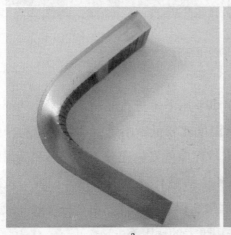

a   b

图 4-29 800℃轧制复合试样弯曲实验

a—向内弯曲；b—向外弯曲

4.3.1.3 压下率对复合界面的影响

在研究压下率对界面结合强度的影响时,以界面结合强度最高的800℃、85%压下率的轧制工艺为基准,选择800℃、50%压下率为对比对象,研究压下率对界面的影响。

图4-30为800℃轧制时不同压下率的界面BSE照片,显示50%压下率轧制时,界面处各层的厚度均比85%压下率轧制时大,其中50%压下率轧制时,界面处生成明显的金属间化合物层,而在85%压下率轧制时,金属间化合物的生成量少,使金属间化合物层,也就是Ⅱ层与相邻层的边界并不明显。推测是由于压下率较小导致终轧厚度较大,使得界面处温降速度较慢,元素扩散时间较85%压下率的情况长,导致分层现象明显,且各层厚度增加。此现象说明由于轧制速度较快,轧后冷却过程对界面元素扩散的影响显著。

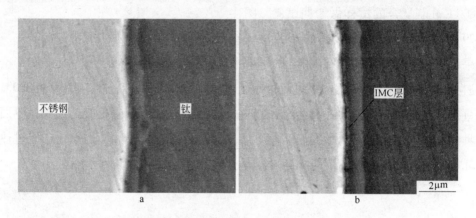

图4-30 800℃轧制时不同压下率的界面BSE照片
a—85%;b—50%

图4-31显示,当在800℃时,采用50%压下率进行轧制,界面处的部分位置未能实现复合,说明800℃的轧制温度比较低,不锈钢和钛层母材未能充分软化,所以50%的压下率不能使母材界面处发生充分塑性变形和高温蠕变,导致部分位置未能紧密接触并顺利激活进行元素的扩散。因此,虽然800℃轧制时可以获得较高的界面结合强度,但是为了使界面充分接触并顺利复合,50%的压下率是不足的,还要采用更大的压下率。

在采用85%的压下率进行轧制时,在实验的四种温度(800℃、850℃、

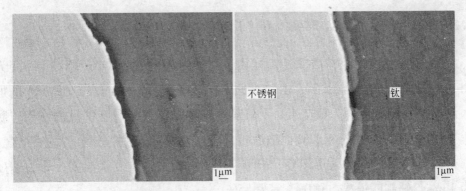

图 4-31　800℃、50%压下率轧制时界面未复合部分

900℃、950℃）下均没有在界面处发现裂纹，但是在 800℃、50%压下率的条件下进行轧制时，在界面处观察到了裂纹，裂纹的位置处于不锈钢基体与Ⅲ层之间，如图 4-32 所示。在 85%的压下率轧制时，无论何种轧制温度都未发现裂纹，说明元素扩散只是导致界面脆性的原因，而导致界面失效的主因是内应力，所以当终轧厚度较小时，内应力也较小，界面不产生裂纹。

　　不同压下率的界面结合强度如图 4-33 所示。当压下率为 50%时，界面结合强度由压下率 85%时的 105MPa 下降到 70MPa，说明大的压下率有利于界面结合强度的提高，较大的压下率将造成较大的塑性变形，促进界面处钛和不锈钢的紧密结合，并促进位错向界面处滑移而激活界面，实现更高比例的有效链接。

图 4-32　50%压下率时界面处的裂纹

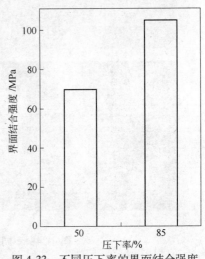

图 4-33　不同压下率的界面结合强度

4.3.2 添加镍夹层的钛/不锈钢直接轧制板的组织和性能

添加 Ni 夹层后，扩散偶的组成由直接轧制时的（Fe，Cr，Ni）-Ti 变为 Ni-（Fe，Cr，Ni）和 Ni-Ti，由于 Ni 本身即为不锈钢中的元素，所以 Ni 的加入没有引入新的元素，不仅起到了阻隔不锈钢与钛中元素互扩散的作用，防止生成富 Cr 的脆性 σ 相和其他脆性相，而且大大简化了扩散偶的复杂程度。

本实验选取 800℃、850℃、900℃、950℃ 四种轧制复合温度，轧制速度为 1m/s，轧制四道次，总压下率为 85%。

4.3.2.1 轧制复合时界面的元素扩散行为与组织分析

图 4-34 为 800℃、850℃、900℃、950℃ 轧制复合的界面 BSE 照片，其中每个图的左边部分为钛层母材，中间为 Ni 夹层，右边部分为不锈钢母材。在选择的所有温度下轧制复合时，界面复合的效果均较好，没有发现未复合部分、裂纹或是孔洞。

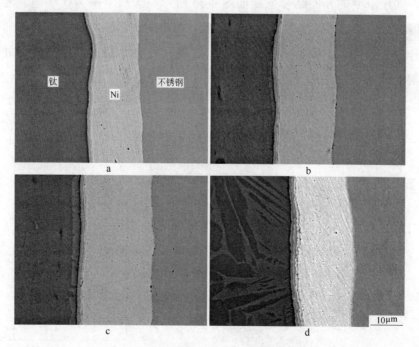

图 4-34 不同轧制温度的 BSE 照片

a—800℃；b—850℃；c—900℃；d—950℃

图 4-35 为 Ni-Ti 界面 BSE 照片，可以发现在 Ni-Ti 界面处，均具有明显的分层结构。在 Ni-Ti 界面的 Ni 夹层侧均具有四层结构，从左至右，前三层为金属间化合物层，第四层为 Ni 夹层基体。而在钛层母材侧，轧制温度为800℃时，只有一层钛母材，并且在靠近边界的位置有零星的点状第二相。当轧制温度为850℃时，钛侧某些位置具有两层结构，大部分位置只有一层结构，并断续分布。而在900℃和950℃轧制复合时，钛侧具有明显的两层结构，分别为钛层母材和新生成层。

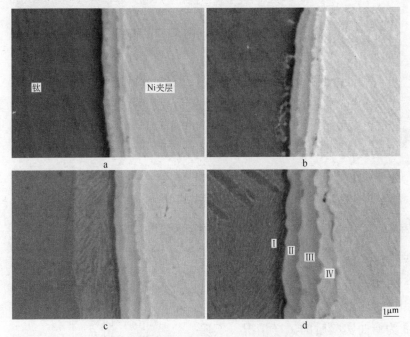

图 4-35　不同轧制温度的 Ni-Ti 界面 BSE 照片

a—800℃；b—850℃；c—900℃；d—950℃

图 4-36 为在 800~950℃ 范围内轧制时，Ni-不锈钢界面的 BSE 照片，可以发现，在 Ni-不锈钢界面的边界随着轧制温度的升高而变得模糊，显示出 Ni、Fe 之间具有较好的互溶性，界面处没有明显的分层现象，Ni-SS 界面没有金属间化合物生成。

4.3.2.2　力学性能测试

图 4-37 为剪切强度的测试结果，显示随着轧制温度的升高，剪切强度下降。在950℃以上轧制时，界面结合强度剧烈下降，和同温度下直接轧制复

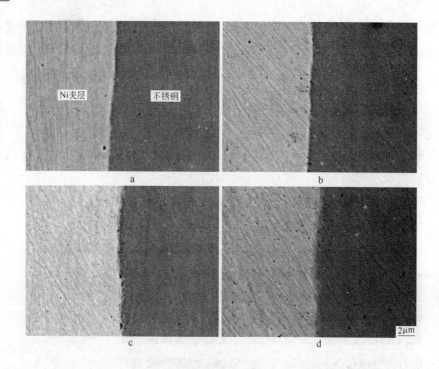

图 4-36 Ni-不锈钢界面的 BSE 照片

合的界面结合强度处在同一水平，界面结合强度下降到国家标准以下，Ni 夹层已经不起作用。在 800℃轧制时界面结合强度最高，达到约 295MPa。

选取界面结合强度最好的试样即 800℃轧制复合的试样进行弯曲实验，图 4-38 为弯曲实验后的试样情况。实验结果表明，无论内弯还是外弯，试样弯曲后界面及基体表面均无肉眼可见裂纹，显示出良好的弯曲性能，说明添加 Ni 夹层在 800℃左右的较低温度轧制复合时，界面生成的金属间化合物较少，不仅有良好的界面结合强度，还具备一定的塑性，可以承受一定程度的不协调变形。而且经过热轧复合过程后，钛与不锈钢母材塑性变形能力尚可，具有较强的抵抗裂纹产生的能力。

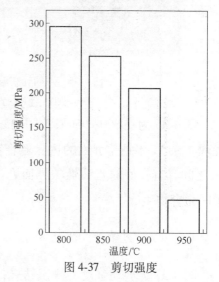

图 4-37 剪切强度

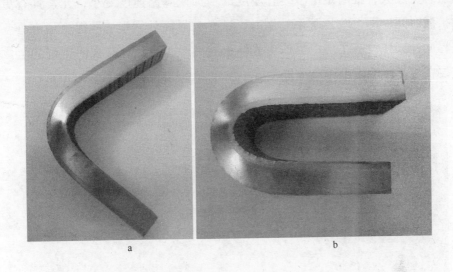

图 4-38　800℃轧制试样的弯曲试验结果

a—向外弯曲；b—向内弯曲

4.3.2.3　压下率对带 Ni 夹层复合界面的影响

在研究压下率对界面组织与结合强度的影响时，以结合强度最高的 800℃、85%压下率的轧制工艺为基准，选择 800℃、50%压下率为对比对象，分析压下率对界面组织与结合强度的影响。

图 4-39 为 800℃、50%压下率轧制试样界面全貌的 BSE 照片，显示以 50%压下率轧制复合时，界面复合的效果均较好，没有发

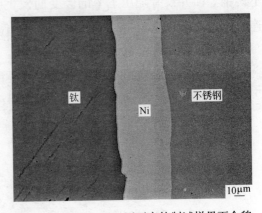

图 4-39　800℃、50%压下率轧制试样界面全貌

现未复合部分、裂纹或是孔洞。但是界面边界的平整程度并没有因为压下率的减小而变化，可以看出边界依然起伏较大。

图 4-40 为 800℃不同压下率轧制的界面 BSE 照片，显示 50%压下率轧制试样的界面金属间化合物层总宽度比 85%压下率轧制试样的界面金属间化合

物层总宽度大，推断是由于终轧厚度的增加使降温速度变小，元素具有更长的扩散时间，即50%压下率轧制时，试样的界面处元素扩散得更加充分。但是界面处同样没有Ⅰ层中类似珠光体形貌的组织出现，这说明Ⅰ层的生成反应要在更高的温度范围内才能发生。

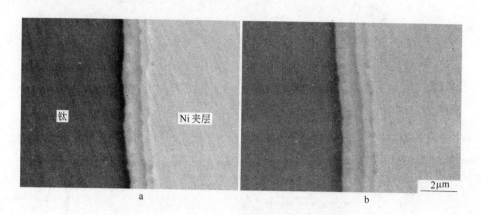

图4-40　800℃不同压下率轧制的Ni-Ti界面BSE照片

图4-41为50%压下率轧制试样的Ni-不锈钢界面BSE照片，可以发现Ni-不锈钢界面并没有随压下率的改变而发生明显变化，边界平整，没有明显而连续的金属间化合物生成，显示出Ni与不锈钢良好的可复合性能。

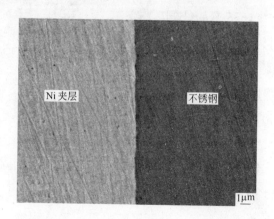

图4-41　50%压下率轧制试样的Ni-不锈钢界面

不同压下率轧制的界面结合强度如图4-42所示，结果表明界面的结合强度随着轧制复合压下率的增大而显著升高。

4.3.3 添加铌夹层的钛/不锈钢直接轧制板的组织和性能

本实验选取 850℃、900℃、950℃、1000℃ 四种轧制复合温度，轧制速度为1m/s，轧制四道次，总压下率为85%。

4.3.3.1 复合界面元素扩散行为与组织分析

图 4-43 为添加 Nb 夹层 950℃轧制复合的界面宏观形貌的 BSE 照

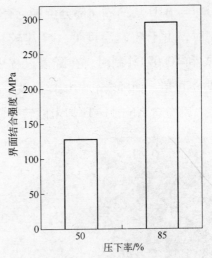

图 4-42　不同压下率轧制的界面结合强度

片，其中左侧为钛，右侧为不锈钢，本节所示图片中各层位置均与此相同。照片中显示复合界面结合良好，不存在未复合部位、微裂纹和孔洞，也未发现 Nb 夹层局部断裂的情况。但是 Nb 夹层在轧制过程中的变形不均匀，使得复合界面不平整。

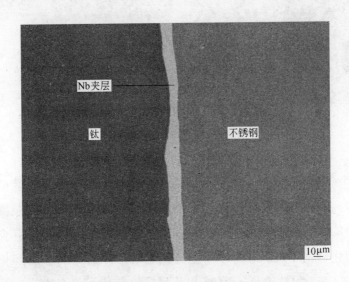

图 4-43　界面宏观形貌

图 4-44 中精细的 BSE 照片显示850℃和900℃轧制时，Nb-Ti 界面有一层深色区域，并且与钛母材和 Nb 夹层的边界模糊；在 950℃和1000℃轧制时，

钛母材与 β-Ti 层的界面部分位置也有相同的深色区域出现。在850℃和900℃轧制时，由于轧制温度低、冷却较快而没有发生 α-Ti 向 β-Ti 的转变；在950℃和1000℃轧制时，在降温过程中，一部分 α-Ti 实现了向 β-Ti 的转变，形成 β-Ti 层。而随着轧后试样温度下降，在钛母材和已形成的 β-Ti 层的界面附近，部分含 Nb 的 α-Ti 却未能转变而形成过饱和固溶体。

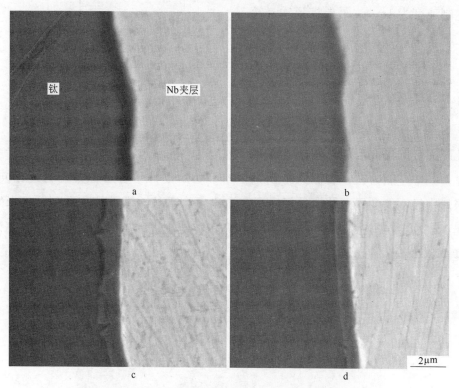

图 4-44　不同轧制温度的 Nb-Ti 界面 BSE 照片

a—850℃；b—900℃；c—950℃；d—1000℃

　　图 4-45 为 Nb-不锈钢界面的 BSE 照片，照片中显示在本实验的轧制复合的温度范围内，界面处都有金属间化合物生成，并且随着轧制温度的升高金属间化合物的数量逐渐增多。在850℃进行轧制时，界面处只有少量点状分布的金属间化合物生成，在900℃进行轧制时，界面处的金属间化合物呈层状断续分布，在950℃进行轧制时，界面处的金属间化合物进一步增多，而当轧制温度升高到1000℃时，界面处几乎形成了连续分布的金属间化合物层。根据相图推测生成物可能为 Fe_2Nb。从金属间化合物硬脆的力学性能来

看，Fe_2Nb 相的生成将恶化不锈钢和 Nb 夹层的界面结合强度，使 Nb-不锈钢界面成为结合薄弱的部位。

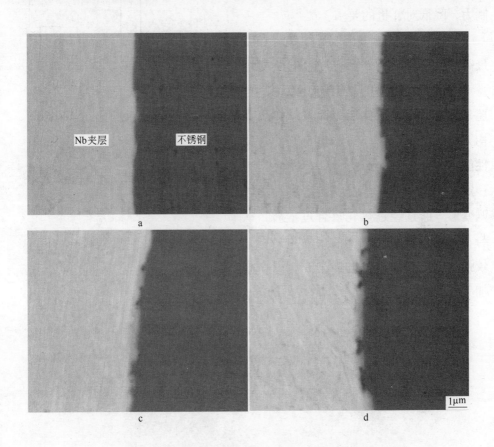

图 4-45 不同轧制温度的 Nb-不锈钢界面 BSE 照片

a—850℃；b—900℃；c—950℃；d—1000℃

4.3.3.2 力学性能测试

图 4-46 为剪切强度的测试结果，可以发现在实验的轧制温度范围内，复合界面均具有良好的结合强度，全部大幅高于国家标准规定的最小值 140MPa。并且在 900℃轧制时，剪切强度达到最高，高达约 397MPa，显示出添加 Nb 夹层的良好复合效果和较宽松的工艺窗口。并且在 1000℃的高温轧制时，复合效果依然良好，剪切强度仍达到大约 341MPa。所以添加 Nb 夹层不仅能获得很高的界面结合强度，而且允许轧制复合在较高的温度下进行，

这不仅有利于不锈钢和钛界面的充分接触，促进元素扩散，而且能大大降低轧制力，降低对轧机的要求。

如图 4-47 所示，选取界面结合强度最高的试样即 900℃ 轧制复合的试样进行弯曲试验。试验结果表明，无论内弯还是外弯，试样弯曲后界面及基体表面均无肉眼可见裂纹，显示出良好的弯曲性能。说明添加 Nb 夹层后，界面具有一定的塑性，能够承受一定程度的不协调变形。而且经过热轧复合过程后，钛与不锈钢母材塑性变形能力尚可，具有较强的抵抗裂纹产生的能力。所以在添加 Nb 夹层后，界面具有非常优异的综合性能。

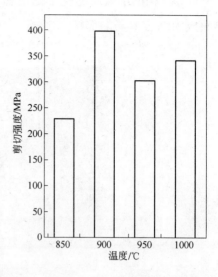

图 4-46 界面剪切强度

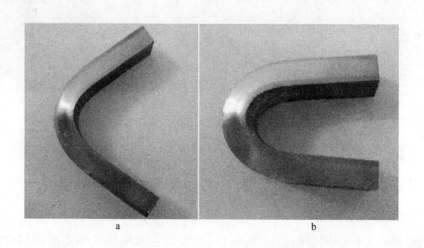

图 4-47 900℃轧制试样的弯曲试验结果

a—向外弯曲；b—向内弯曲

4.3.3.3 压下率对带 Nb 夹层复合界面的影响

在研究压下率对界面组织与结合强度的影响时，以结合强度最高的

900℃、85%压下率的轧制工艺为基准，首先采用 900℃、50%压下率进行轧制实验，但结果显示以 50%的压下率进行轧制时，界面并未复合。随后进行了 900℃、压下率 70%的轧制实验，界面实现复合，结合强度如图 4-48 所示。在压下率为 70%时，界面剪切强度达到大约 316MPa。随着压下率的下降，界面的结合强度也明显下降，说明要获得较好的界面结合效果，采用较大的压下率是必要的。

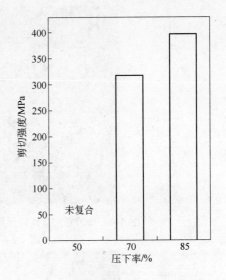

图 4-48　不同压下率的界面剪切强度

4.3.4 钛/不锈钢复合板热处理工艺分析与制定

具体工艺路线如表 4-2 所示。

表 4-2　扩散退火制度

试样情况	无夹层 800℃轧制	添加 Ni 夹层 800℃轧制	添加 Nb 夹层 900℃轧制
第一组	450℃，保温 15min	450℃，保温 15min	550℃，保温 15min
第二组	550℃，保温 15min	550℃，保温 15min	650℃，保温 15min
冷却方式	空冷至室温		

图 4-49 为 800℃直接轧制试样经 550℃×15min 热处理后的界面 BSE 照片，可以发现热处理过后界面并无明显变化，各层厚度并没有明显增加，金属间化合物的生成量得到了很好的控制。

图 4-50 为 800℃加 Ni 层轧制试样经 550℃×15min 热处理后的界面 BSE 照片，照片显示热处理过后界面并无明显变化，Ni-Ti 界面处 Ni-Ti 金属间化合物层厚度并没有增加。在 Ni-不锈钢界面处未发现金属间化合物生成量明显增多。

图 4-51 为 900℃加 Nb 层轧制试样经 550℃×15min 热处理后的界面 BSE 照片，可以发现热处理过后界面并无明显变化，Nb-Ti 界面没有 β-Ti 层生成，

图 4-49　800℃直接轧制试样 550℃×15min 热处理后的界面

图 4-50　800℃加 Ni 层轧制试样热处理后界面

同时 Nb-不锈钢界面几乎没有金属间化合物生成。

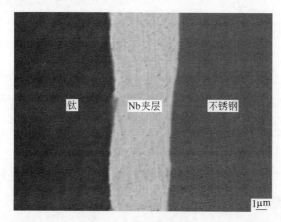

图 4-51　900℃加 Nb 层轧制试样热处理后的界面

图 4-52 为各组试样热处理前后剪切强度的对比，可以发现，800℃直接轧制复合的试样和 900℃加 Nb 层轧制的试样在热处理之后，剪切强度均比热处理之前略有下降。对于直接轧制的情况，热处理造成元素的进一步扩散而导致界面金属间化合物的增多，从而降低了界面结合强度。对于加 Nb 层轧制的情况，可能为 Nb-不锈钢界面脆性 ε 相的生成量增多同样降低了界面的结合强度。对于 800℃加 Ni 层轧制的试样，在 550℃×15min 热处理之后，界面的剪切强度明显下降，推测是由 Ni-Ti 界面的金属间化合物生成量增多所导致。在 450℃×15min 热处理之后，界面的剪切强度得到提升，可能是由于较低的退火温度并没有使 Ni-Ti 界面金属间化合物增加，却减轻了 Ni-Ti 界面处 Ni 元素的过饱和现象，使 Ni 分布更加均匀，减轻了界面的脆性。

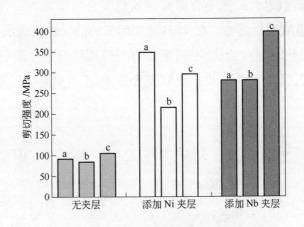

图 4-52　热处理前后剪切强度对比

a，b，c—三组试验

4.3.5　结论

（1）钛与不锈钢直接真空轧制复合时，在实验温度范围内，界面结合强度随轧制温度升高而下降，在 800℃、85%压下率轧制时，界面结合强度最高，达到约 105MPa。800℃、50%压下率轧制时，界面结合强度较 85%压下率降低，并且界面存在未复合部分，需要更大的压下率。

（2）在 800~950℃的范围内轧制时，Ni 夹层能成功阻止钛和不锈钢中元素的互扩散，在 800℃、85%压下率轧制时界面结合强度最高，剪切强度达到约295MPa。随着轧制温度的升高界面结合强度下降，在950℃轧制时，界面结合强度和直接轧制复合基本相当，夹层失效。在所有轧制温度下，断口均显示为脆性断裂，断裂发生在Ni-Ti界面之间。800℃、50%压下率轧制时，界面结合强度较85%压下率时降低。

（3）添加Nb夹层轧制复合时，Nb-Ti界面不生成金属间化合物，在950℃和1000℃轧制时，Nb-Ti界面处出现β-Ti层。Nb-不锈钢界面生成Fe_2Nb相。在900℃、85%压下率轧制时，界面结合强度达到最高，剪切强度大约为397MPa。900℃、50%压下率轧制时，未能实现界面复合，而70%压下率轧制时，界面实现复合，强度略低于85%压下率轧制。Nb与Ti的变形协调性较差，为提高Nb-Ti界面的结合强度，轧制时应采用大的压下率。

（4）低温扩散退火工艺不会对直接轧制复合与添加Ni、Nb夹层轧制复合的界面组织造成明显影响。在450℃和550℃的热处理会造成直接轧制复合和添加Nb夹层轧制复合的钛/不锈钢复合板界面结合强度降低，而450℃低温扩散退火可以提高添加Ni夹层轧制复合的钛/不锈钢复合板界面结合强度。

参考文献

［1］Zhang Y X, Yang C H. Recent developments in finite element analysis for laminated composite plates ［J］. Composite Structures, 2009, 88 (1): 147~157.

［2］Jin S, Mavoori H, Bower C, et al. High critical currents in iron-clad superconducting MgB_2 wires ［J］. Nature, 2001, 411 (6837): 563~565.

［3］田雅琴, 秦建平, 李小红. 金属复合板的工艺研究现状与发展 ［J］. 材料开发与应用, 2006 (1): 40~43.

［4］de Paula R G, Araujo C R, Lins V, et al. Corrosion resistance of explosion cladding plate of carbon steel and 316l stainless steel ［J］. Corrosion Engineering Science and Technology, 2012, 47 (2): 116~120.

［5］Kurt B, Calik A. Interface structure of diffusion bonded duplex stainless steel and medium carbon steel couple ［J］. Materials Characterization, 2009, 60 (9): 1035~1040.

［6］阎志醒, 孟昭宏. 耐磨复合钢板及其应用 ［J］. 燃料与化工, 1997 (2): 99~100.

［7］符寒光, 黄兆军. 钢管热连轧机架耐磨复合衬板的研制 ［J］. 特殊钢, 2004 (6): 46~49.

［8］李永松, 沈怡琳. 不锈钢复合板制作新工艺及市场前景的研究 ［J］. 广西机械, 2001 (4): 34~36.

［9］王一德, 王立新, 李国平. 太钢不锈钢复合板生产发展及展望 ［J］. 中国冶金, 2001 (2): 8~13.

［10］Crossland B, Williams J D. Explosive welding ［J］. Metallurgical Reviews, 1970, 15 (1): 79~100.

［11］Kacar R, Acarer M. An investigation on the explosive cladding of 316l stainless steel-din-p355gh steel ［J］. Journal of Materials Processing Technology, 2004, 152 (1): 91~96.

［12］Akbari-Mousavi S A A, Barrett L M, Al-Hassani S T S. Explosive welding of metal plates ［J］. Journal of Materials Processing Technology, 2008, 202 (1~3): 224~239.

［13］Ghanadzadeh A, Darviseh A. Shock loading effect on the corrosion properties of low-carbon steel ［J］. Materials Chemistry and Physics, 2003, 82 (1): 78~83.

［14］Grignon F, Benson D, Vecchio K S, et al. Explosive welding of aluminum to aluminum: analysis, computations and experiments ［J］. International Journal of Impact Engineering, 2004, 30 (10): 1333~1351.

［15］Kahraman N, Gülenç B, Findik F. Joining of titanium/stainless steel by explosive welding and effect on interface ［J］. Journal of Materials Processing Technology, 2005, 169 (2):

127~133.

[16] Raghukandan K. Analysis of the explosive cladding of Cu-low carbon steel plates [J].Journal of Materials Processing Technology, 2003, 139 (1~3): 573~577.

[17] Kahraman N, Gülenç B. Microstructural and mechanical properties of Cu-Ti plates bonded through explosive welding process [J]. Journal of Materials Processing Technology, 2005, 169 (1): 67~71.

[18] Mudali U K, Ananda Rao B M, Shanmugam K, et al. Corrosion and microstructural aspects of dissimilar joints of titanium and type 304l stainless steel [J]. Journal of Nuclear Materials, 2003, 321 (1): 40~48.

[19] Durgutlu A, Gülenç B, Findik F. Examination of copper/stainless steel joints formed by explosive welding [J]. Materials & Design, 2005, 26 (6): 497~507.

[20] Gulenc B. Investigation of interface properties and weldability of aluminum and copper plates by explosive welding method [J]. Materials & Design, 2008, 29 (1): 275~278.

[21] Findik F. Recent developments in explosive welding [J]. Materials & Design, 2011, 32 (3): 1081~1093.

[22] Mamalis A G, Szalay A, Vaxevanidis N M, et al. Macroscopic and microscopic phenomena of nickel/titanium "shape-memory" bimetallic strips fabricated by explosive cladding and rolling [J]. Materials Science and Engineering: A, 1994, 188 (1~2): 267~275.

[23] 李正华, 彭文安. 爆炸-轧制法制取不锈钢-钢双金属复合板 [J]. 稀有金属材料与工程, 1984 (6): 28~32.

[24] 赵峰, 李选明, 王虎年. 爆炸-轧制钛/钢复合板界面结合性能研究 [J]. 材料开发与应用, 2010 (1): 30~34.

[25] Mamalis A G, Vaxevanidis N M, Szalay A, et al. Fabrication of aluminium/copper bimetallics by explosive cladding and rolling [J]. Journal of Materials Processing Technology, 1994, 44 (1~2): 99~117.

[26] 杨扬, 张新明, 李正华, 等. 爆炸复合的研究现状和发展趋势 [J]. 材料导报, 1995 (1): 72~76.

[27] 龚深, 李周, 肖柱, 等. 爆炸焊接法制备金属复合材料的研究 [J]. 材料导报, 2007 (S3): 249~251.

[28] 郑远谋. 爆炸焊接和爆炸复合材料 [J]. 焊接技术, 2007 (6): 1~5.

[29] Kundu S, Ghosh M, Chatterjee S. Diffusion bonding of commercially pure titanium and 17-4 precipitation hardening stainless steel [J]. Materials Science and Engineering a-Structural Materials Properties Microstructure and Processing, 2006, 428 (1~2): 18~23.

［30］廖际常. 钛-不锈钢扩散焊接的界面组织与性能［J］. 稀有金属快报，2005（6）：40～41.

［31］Ghosh M，Kundu S，Chatterjee S，et al. Influence of interface microstructure on the strength of the transition joint between Ti-6Al-4V and stainless steel［J］. Metallurgical and Materials Transactions a-Physical Metallurgy and Materials Science，2005，36A（7）：1891～1899.

［32］Qin B，Sheng G M，Huang J W，et al. Phase transformation diffusion bonding of titanium alloy with stainless steel［J］. Materials Characterization，2006，56（1）：32～38.

［33］Sheng G M，Huang J W，Qin B，et al. An experimental investigation of phase transformation superplastic diffusion bonding of titanium alloy to stainless steel［J］. Journal of Materials Science. 2005，40（24）：6385～6390.

［34］刘环，郑晓冉. 层状金属复合板制备技术［J］. 材料导报，2012（S2）：131～134.

［35］Chaudhari G P，Acoff V. Cold roll bonding of mulTi-layered bi-metal laminate composites［J］. Composites Science and Technology，2009，69（10）：1667～1675.

［36］Bay N，Clemensen C，Juelstorp O，et al. Bond strength in cold roll bonding［J］. Cirp Annals-Manufacturing Technology，1985，34（1）：221～224.

［37］Jamaati R，Toroghinejad M R. Effect of friction，annealing conditions and hardness on the bond strength of Al/Al strips produced by cold roll bonding process［J］. Materials & Design，2010，31（9）：4508～4513.

［38］Ding H，Lee J，Lee B，et al. Processing and microstructure of tini sma strips prepared by cold roll-bonding and annealing of multilayer［J］. Materials Science and Engineering：A，2005，408（1～2）：182～189.

［39］Madaah-Hosseini H R，Kokabi A H. Cold roll bonding of 5754-aluminum strips［J］. Materials Science and Engineering：A，2002，335（1～2）：186～190.

［40］Zhang X P，Yang T H，Castagne S，et al. Microstructure；Bonding strength and thickness ratio of Al/Mg/Al alloy laminated composites prepared by hot rolling［J］. Materials Science and Engineering：A，2011，528（4～5）：1954～1960.

［41］Liu J，Li M，Sheu S，et al. Macro- and micro-surface engineering to improve hot roll bonding of aluminum plate and sheet［J］. Materials Science and Engineering：A，2008，479（1～2）：45～57.

［42］Zhao D，Yan J，Liu Y. Effect of intermetallic compounds on heat resistance of hot roll bonded titanium alloy - stainless steel transition joint［J］. Transactions of Nonferrous Metals Society of China，2013，23（7）：1966～1970.

［43］Zhao D S，Yan J C，Wang Y，et al. Relative slipping of interface of titanium alloy to stainless steel during vacuum hot roll bonding [J]. Materials Science and Engineering: A, 2009, 499 (1~2): 282~286.

[44] 赵东升. 钛合金与不锈钢真空热轧形变连接机理研究 [D]. 哈尔滨: 哈尔滨工业大学, 2008.

[45] 王利媛. Ni、Nb 中间层钛合金与不锈钢真空热轧连接工艺研究 [D]. 哈尔滨: 哈尔滨工业大学, 2007.

[46] Shun-Ichi N, Toshio M, Tsunemi W. Technology and products of JFE steel's three plate mills [J]. JFE Technical Report, 2005 (5): 1~9.

[47] Ohji K, Nakai Y, Hashimoto S. Strength of interface in stainless clad steels [J]. Journal of the Society of Materials Science, Japan, 1990, 39 (439): 375~381.

[48] 骆宗安, 谢广明, 胡兆辉, 等. 特厚钢板复合轧制工艺的实验研究 [J]. 塑性工程学报, 2009 (4): 125~128.

[49] 谢广明, 骆宗安, 王国栋. 轧制工艺对真空轧制复合钢板组织与性能的影响 [J]. 钢铁研究学报, 2011 (12): 27~30.

[50] 谢广明, 骆宗安, 王光磊, 等. 真空轧制不锈钢复合板的组织和性能 [J]. 东北大学学报 (自然科学版), 2011 (10): 1398~1401.

[51] 王光磊, 骆宗安, 谢广明, 等. 加热温度对热轧复合钛/不锈钢板结合性能的影响[J]. 稀有金属材料与工程, 2013 (2): 387~391.

[52] Fukuda T. The manufacture of rolled clad steel and characteristics of bonding strength [J]. Bulletin of the Japan Institute of Metals, 1992, 31 (3): 190~196.

[53] Fukai H. Rolled clad steel plate [J]. Materia Japan, 1996, 35 (9): 976~982.

[54] Ogawa K, Komizo Y, Yasuyama M, et al. Microstructure and properties of hot roll bonding layer of dissimilar metals (1) [J]. Journal of High Pressure Institute of Japan, 1996, 34 (1): 17~24.

[55] Kawanami T, Yoshiwara S. Manufacturing techniques for rolled clad products [J]. Tetsu-to-Hagane, 1988, 74 (4): 617~623.

[56] 清嗣大路, 善一中井, 真二橋本. ステンレスクラッド鋼における接合界面の強度[J]. 材料, 1990, 39 (439): 375~381.

[57] Ohji K, Nakai Y, Hashimoto S. Strength of interface in stainless clad steels [J]. Journal of the Society of Materials Science, Japan, 1990, 39 (439): 375~381.

[58] Fukuda T. Characteristics of bonding interface and strength of hot rolled stainless clad steel [J]. Tetsu- To- Hagane, 1990, 76 (2): 254~261.

[59] 孙浩, 王克鲁. 不锈钢复合板生产方法和制备技术的探讨 [J]. 上海金属, 2005 (1):

50~54.

[60] 李龙，张心金，刘会云，等. 热轧不锈钢复合板界面氧化物夹杂的形成机制 [J]. 钢铁研究学报，2013 (1)：43~47.

[61] 李龙，张心金，刘会云，等. 不锈钢复合板的生产技术及工业应用 [J]. 轧钢，2013 (3)：43~47.

[62] 余志军，唐继华，李峰. 不锈钢复合板在柳钢热轧厂的生产实践 [J]. 轧钢，2013 (1)：63~65.

[63] Xie G, Luo Z, Wang G, et al. Interface characteristic and properties of stainless steel/HSLA steel clad plate by vacuum rolling cladding [J]. Materials Transactions, 2011, 52 (8): 1709~1712.

[64] 连铸坯复合轧制特厚钢板的技术开发与应用 [N]. 世界金属导报，2013-03-05 (B4).

[65] Suzuki Y, Yoshida H. A study of manufacturing process of titanium clad steel [J]. Denki-Seiko, 2002, 73 (3): 195~202.

[66] Titanium clad steel plate manufactured by roll-bonding [J]. Transactions of the Iron and Steel Institute of Japan, 1988, 28 (6): 516.

[67] Moroishi T. Present status of titanium market and technology in Japan [J]. Journal of the Society of Materials Science, Japan, 2000, 49 (10): 1133~1142.

[68] 香川祐次，中村俊一，長谷泰治，等. 鋼製橋脚飛沫干満部防食用チタンクラッド鋼板の基本特性と溶接加工法について [J]. 土木学会論文集 1991, 1991 (435): 69~77.

[69] 田所裕，本間宏二，長谷泰治. チタンクラッド鋼による海洋構造物の防食技術 [J]. 表面技術，1992, 43 (10): 901~906.

[70] Titanium clad steel manufactured by hot roll bonding process [J]. Transactions of the Iron and Steel Institute of Japan, 1988, 28 (5): 417.

[71] 李正华. 复合板的发展方向 [J]. 稀有金属材料与工程，1989 (4): 56~59.

[72] 黄淑梅. 热轧生产钛/钢复合板的技术进展 [J]. 钛工业进展，2002 (6): 45~46.

[73] 望月武雄，川辺秀昭. チタンクラッド鋼板について [J]. 軽金属，1963, 13 (1): 37~42.

[74] 王敬忠，颜学柏，王韦琪，等. 轧制钛/钢复合板工艺综述 [J]. 材料导报，2005 (4): 61~63.

[75] Kurokawa H, Nakasuji K, Kajimura H, et al. Development of dissimilar metal transition joint by hot bond rolling [J]. Journal of the Society of Materials Science, Japan, 1997, 46 (8): 919~925.

[76] 余伟，张蕾，陈银莉，等. 轧制温度对 TA1/Q345 复合板性能的影响 [J]. 北京科技大

学学报, 2013 (1): 97~103.

[77] 郝斌, 张震. 轧制钛/钢复合板的制造方法 [J]. 钛工业进展, 1995 (5): 35.

[78] 何春雨, 许荣昌, 任学平, 等. 钛/钢复合板累积叠轧焊复合工艺的试验研究 [J]. 上海金属. 2006 (3): 28~31.

[79] 颜学柏. 钛/钢热轧复合新技术研究取得重大进展 [J]. 钛工业进展, 1995 (1): 18.

[80] Wang G, Luo Z, Xie G, et al. Experiment research on impact of total rolling reduction ratio on the properties of vacuum rolling-bonding ultra-thick steel plate [C]. Jinzhou, Liaoning, China: Trans Tech Publications, 2011.

[81] Guangming X, Zongan L, Hongguang W, et al. Microstructure and mechanical properties of heavy gauge plate by vacuum cladding rolling [J]. Advanced Materials Research, 2010 (97~101): 324~327.

[82] 王光磊, 骆宗安, 谢广明, 等. 首道次轧制对复合钢板组织和性能的影响 [J]. 东北大学学报 (自然科学版), 2012 (10): 1431~1435.

[83] 李成. 中国不锈钢的生产现状和发展 [J]. 特殊钢, 1994 (4): 1~5.

[84] Matsuoka K, Shiotani C, Sugimoto H, et al. Application studies on corrosion protection by titanium clad steel lining in mega-float project [J]. Zairyo-to-Kankyo, 1998, 47 (8): 494~500.

[85] Wang T, Zhang B, Chen G, et al. High strength electron beam welded titanium-stainless steel joint with V/Cu based composite filler metals [J]. Vacuum, 2013, 94: 41~47.

[86] Hahnlen R, Fox G, Dapino M J. Fusion welding of nickel-titanium and 304 stainless steel tubes: part I: laser welding [J]. Journal of Intelligent Material Systems and Structures, 2013, 24 (8SI): 945~961.

[87] Akbarimousavi S A A, Goharikia M. Investigations on the mechanical properties and microstructure of dissimilar CP-titanium and AISI 316l austenitic stainless steel continuous friction welds [J]. Materials & Design, 2011, 32 (5): 3066~3075.